流域水污染治理技术发展蓝皮书（第III卷）

中国农业面源污染控制与治理技术发展报告

（2020）

李红娜　朱昌雄　赵永坤 等 著

中国农业出版社
北　京

图书在版编目（CIP）数据

中国农业面源污染控制与治理技术发展报告．2020／李红娜等著．—北京：中国农业出版社，2022.6

ISBN 978－7－109－29772－2

Ⅰ．①中…　Ⅱ．①李…　Ⅲ．①农业污染源－面源污染－污染防治－研究报告－中国－2020　Ⅳ．①X501

中国版本图书馆 CIP 数据核字（2022）第 214799 号

中国农业面源污染控制与治理技术发展报告（2020）
ZHONGGUO NONGYE MIANYUAN WURAN KONGZHI YU ZHILI JISHU FAZHAN BAOGAO（2020）

中国农业出版社出版

地址：北京市朝阳区麦子店街 18 号楼

邮编：100125

责任编辑：冀　刚

责任校对：刘丽香

印刷：中农印务有限公司

版次：2022 年 6 月第 1 版

印次：2022 年 6 月北京第 1 次印刷

发行：新华书店北京发行所

开本：700mm×1000mm　1/16

印张：13

字数：240 千字

定价：128.00 元

著　者：李红娜　朱昌雄　赵永坤　许春莲　梁志伟
俞映倞　徐海圣　吴华山　赫晓霞　董丽伟
贾小梅　李　峰　韩宝平　徐志宇　薛颖昊
徐天予　宋桂杰　张　炯　田亚军　叶　婧
杨珍珍　冯浩杰　张　伟　白　璐　李欣欣
贾　涛　罗安程
顾　问：梅旭荣　杨林章　吕锡武

前　言
FOREWORD

当前，我国农业面源污染广、散、乱及治理技术同质化现象严重，治理技术的工程化水平低及流域整体解决方案不足，已成为制约我国社会经济可持续发展的瓶颈问题。本书通过梳理国家水体污染控制与治理科技重大专项（以下简称水专项）中有关农业面源污染控制相关的技术成果，建立了包括种植、养殖、农村生活和政策管理的技术系统，分析了技术的发展历程，综合定量评估了相关技术，介绍了技术的应用前景。最后，展望了农业面源污染控制相关技术的发展趋势，我国未来的技术发展方向应以流域目标污染负荷为基础、环境友好型农业发展模式为核心，建立因地制宜的种植业氮、磷全过程控制技术，养殖业污染控制技术，农村生活污水治理技术，农业农村管理技术以及与区域流域统筹的系统方案。

我国作为农业大国，化肥、农药、饲料等生产资料投入量大，污染物排放量大，导致农业面源污染问题突出，是造成河流、湖泊水体生态系统退化和水质恶化的重要原因之一。我国农业面源污染具有种类多、分布广，面源类型在不同地区差异较大的特点，因此，研发因地制宜的农业面源污染控制关键技术是国家农业农村面源污染防治相关工作面临的重大需求。

水专项以流域面源污染治理为目标，按照控源减排-减负修复-集成提升的整体思路，致力于明晰流域农业面源污染原理机理，破解农业面源污染种养生一体化防控及规模化推广应用所需要解决的关键技术难题，并形成典型案例，实现系列化、标准化、规范化的技术集成与规模应用，整体提升我国农业面源污染治理能力及工程化水平，助推“水十条”落实、“河长制”实施和“山水林田湖草”

生态一体化建设。按照水专项总体实施技术路线，围绕不同阶段攻关目标，共部署农业面源相关课题35个（部分涉及子课题），依据2007年国务院批复水专项方案目标及技术突破要求，开展了技术攻关和示范应用。其中，“十一五”期间相关课题有10个、“十二五”期间相关课题有19个、“十三五”期间相关课题有6个，共计中央投资约6.5亿元。

“十一五”以来，以水专项为支撑，我国在农业面源污染防治方面开展了大量的技术研发与工程示范，取得了较好的进展，产出包含135项农业面源污染防治技术的技术系统一套。农业面源污染防治技术系统，按照技术类型可以分为种植业氮、磷全过程控制技术，养殖业污染控制技术，农村生活污水治理技术以及农业农村管理技术4个技术系列。其中，种植业氮、磷全过程控制技术（47项）主要包括氮、磷污染控制通用技术，稻田污染控制技术，麦-玉污染控制技术及菜地果园污染控制技术4类技术；养殖业污染控制技术（39项）主要包括畜禽养殖污染控制通用技术、畜禽养殖污染控制专用技术及水产养殖污染控制技术；农村生活污水治理技术（40项）主要包括收集技术、处理技术、资源化利用技术等类型；农业农村管理技术（9项）主要包括农业生产污染控制管理支撑技术、农村生活污染控制管理支撑技术、农业清洁小流域综合污染控制管理支撑技术。

在种植业氮、磷全过程控制方面，国内外的研究重点均为源头控制、过程阻断和末端回用等技术探索和工程应用，并实现污染物排放的减量化及进入水体负荷的削减。国外对耕作技术保持较高关注度而国内则十分重视肥料运筹的把控，国内外对粪肥沼液回用也有所关注，而对废/尾水回用的关注主要出现在近5年。在养殖业污染控制方面，国内外皆主要围绕源头控制、过程减排等环节来实现养殖污染负荷削减和养殖粪污高效资源化利用。粪肥、沼气是贯穿国内外污染源头控制技术整个发展历程的研究重点，国外对养殖过程中臭气、温室气体等污染问题更加关注，而国内在早期更关注饲料中的营养含量等；现阶段，硝酸盐的污染成为共同的关注点。在农村生活污水治理技术方面，国外关注点主要集中在根据处理目的的不同采用组合式结构、任意拼装等方向，国内关注的是生态技术（人工湿地、氧化塘）及生物生态组合技术等方向，低成本的农用灌溉和污水杂用是资源化利用方面的研究热点。在农业农村管理方面，国外对水污染流域管理、最佳管理措施等的关注较早；国内比较关注水环境、关键源区和水体富营养化。国内外均关注GIS和污染评价模型等，且国外还更加聚焦水质中氮、磷等营养成分。

由于不同技术的经济效益、环境效益差异较大，不同地区在不同类别农业面源污染防治中，为优选适用的技术，需对技术进行比较与筛选。考虑到农业面源污染防治技术评价涉及经济、环境和技术等多个方面，每个方面又包含很多指标因素，并且其中有些指标是难以定量的。在技术就绪度分类评价的基础上，利用层次分析法从技术的经济效益、环境效益和适用性等方面深入分析，建立农业面源污染防治技术综合评价指标体系，在指标体系建立过程中尽可能选择可量化的指标以提高评价的定量性，最终形成有效、可行的农业面源污染防治技术评价方法，为农业面源污染防治技术的合理引进和推广提供相关支撑。农业面源污染控制与治理技术的技术就绪度均超过4级，创新类型以集成创新为主，其他创新类型主要有应用提升、原始创新和引进再创新。

具体支撑核心代表技术如下：

水专项实施前，我国种植业面源污染防控技术的研发与推广应用虽然已开展多年，但这些技术普遍比较单一、系统性不足、集成度不高，未能有效阻控农田氮、磷流失，对种植业面源污染的防控效果有限。针对南方水网区水系发达，区域农田氮、磷肥施用量大，流失氮、磷养分至河道水体路径短，易造成水体富营养化等问题，选取在不同作物系统以及氮、磷调控路径上具有较好实施效果的技术，按照“源头减量-过程拦截-养分再利用-末端修复”的技术思路，以减少农田氮、磷投入为核心，拦截农田径流排放为抓手，实现氮、磷养分回用为途径，水质改善和生态修复为目标，弥补水专项实施前的技术短板，集成凝练出基于4R的农田氮、磷流失全程防控，设施菜地氮、磷污染削减回收与阻断综合控制及基于控流失产品应用的农田氮、磷流失控制等种植业面源污染防控技术。这些推优技术从源头削减技术、过程拦截系统构建及基于技术集成的全程全时段污染物削减3个方向进行创新，突破了种植业面源污染防控的技术瓶颈，构建了种植业污染防控的技术体系与模式，有效削减化学需氧量、总氮和总磷等污染物的排放量分别为40%、30%和30%以上，在大部分时间可实现农田退水达到地表Ⅳ类水质，显著改善了区域生态环境。

水专项实施前，关于养殖面源污染削减方面，更多的是关注了养殖有机污染控制技术，注重用厌氧发酵技术来削减养殖的有机污染；水专项实施后，更加注重我国养殖业污染全程控制与产业延伸技术及其与环境的配伍；通过水专项的技术研发及集成研究，提出了以“源头减量-生物发酵-全程控制-多元处理-农牧循环”为思路的养殖业面源污染防控技术；研发了39项养殖污染控制技术，集成凝练出基于微生物发酵床的养殖废弃物全循环利用、寒地种养区“科、企、用”废弃物循环一体化及基于种养耦合和生物强化处理的水产养殖污染物减排和资源化利用等技术，从源头减量、过程发酵等多元处理及全循环资源利用等方面施行创新，突破了养殖业污染控制的技术瓶颈，构建了粪污收集、处理和利用的全程种养一体化防控体系，实现了示范区域内的种养一体化与养殖污染物负荷削减95%以上及其趋零排放。基于微生物发酵床的养殖废弃物全循环利用技术，在全国 20 多个省市累计推广应用 3 000 万猪当量，削减化学需氧量、总氮和总磷分别超过 97 万吨、10.7 万吨和 1.6 万吨，创造经济效益 340 亿元以上，有力支撑了农业农村部“整县养殖污染控制与区域水环境质量改善”项目的实施。

水专项实施前，我国农村生活污水治理缺乏技术储备，没有适用技术，通过水专项攻关，已研发 50 余项相关技术，示范与推广工程覆盖全国。针对我国农村生活污水排放分散、基础设施落后、处理率低、技术储备匮乏、运行管理难度大、忽视农业农村背景条件和氮、磷营养盐消纳能力等问题，紧密联系农村、农业、农民，基于我国农村生活污水的技术需求和背景条件，瞄准“因地制宜、技术高效、低建设与运行成本、易维护及资源化利用氮、磷”的目标，水专项集成凝练出与种植业相融合的农村生活污水生物生态组合处理、尾水消纳与农业长效资源化利用及高适应性农村生活污水低能耗易管理好氧生物处理等农村生活污水治理技术，为不同背景条件和需求的农村生活污水治理提供了强有力的技术支持。推优技术从生物单元的高效低耗、生态单元的稳定资源化利用和菜单式可选技术体系 3 个方向开展创新研发，突破了复杂农村条件下的技术适应性难题，实现了节能 50%以上、出水稳定达标及氮、磷资源化利用的目标，填补了我国农村生活污水治理技术的空白。已建处理设施规模超230 万吨/天，年削减化学需氧量约 21 万吨、总氮约 3.0 万吨、总磷约 2 120 吨，实现直接经济效益约 30 亿元，累计产生的直接和间接经济效益总数达到 316 亿元，支撑了各大流域的农村污染物减排和水质改善。

在农业面源污染控制技术方面，我国未来的技术发展方向应以流域目标污染负荷为基础、环境友好型农业发展模式为核心，建立因地制宜的种植业氮、磷全过程控制技术，养殖业污染控制技术，农村生活污水治理技术，农业农村管理技术以及与区域流域统筹的系统方案。具体来说，在种植业面源污染控制方面，应以提高肥料（氮、磷养分）利用率为主线，进一步研发能够提高氮、磷利用率的新型肥料、污染修复环境材料等；在养殖业污染控制方面，进一步开展饲养、治污、统一管理的标准化、生态化养殖方式，建立针对分散养殖的收转运、就地就近资源化利用等因地制宜的粪污处理模式，提高农业废弃物统筹处理的水平和资源化利用的水平；在农村生活污水治理方面，需要在生物生态组合处理技术的深度研发、灌溉农用和污水杂用中重金属等污染物的深度去除以及高效低耗的治理技术的研发等进一步深入研究；最后，要深入探索面源污染防控的责任框架体系，以及有利于面源污染防控的政策保障机制，使农业面源污染的防控进入新的阶段，全面打赢农业面源污染治理的攻坚战。

针对流域农业农村种养生脱节，氮、磷排放分散无序，污染治理难等问题，从整体上提出了流域面源污染源头控制收集、过程生物转化、末端多级利用和区域结构调整的联控策略，集成养殖“收转用”、种植“节减用”、生活“收处用”的技术体系。在流域内建立农业农村废弃物资源化利用中心，通过废弃物的收集加工和资源化利用产品的应用，实现流域内种养生氮、磷污染控制的一体化、资源化利用产品的效益化和农业农村环境治理的长效化。种养生污染一体化防控成套技术应以清洁小流域建设为核心，构建以农业合作社为管理运行主体的小流域农业面源污染防控实施体系，进一步明确清洁小流域构建的责任主体，有效衔接各类污染源治理环节，实现小流域内不同污染源的协同治理和废弃物资源的生态循环利用。

著　者

2021 年 11 月

目 录
CONTENTS

前言

——基础篇——

第一章　中国农业农村发展历程与农业农村水环境演变特征　/ 3
第一节　中国农业农村发展历程　/ 3
一、中国农业农村发展阶段与特征　/ 3
二、中国与世界发达国家农业农村发展进程分析　/ 5
第二节　中国农业农村水环境演化过程与特征　/ 7
一、中国农业农村水环境演化过程　/ 7
二、中国农业农村水环境演化特征　/ 11
第二章　中国农业农村水环境问题及技术支撑需求　/ 13
第一节　农业农村水环境问题解析　/ 13
一、农业农村水环境问题现状　/ 13
二、农业农村水环境问题成因分析　/ 14
第二节　农业农村水环境改善技术需求　/ 18
一、农业农村水环境整治目标与技术思路　/ 18
二、农业农村水环境整治技术支撑需求　/ 20

——发展篇——

第三章　中国农业农村水污染控制与水环境整治技术发展现状　/ 29
第一节　农业农村水污染控制与水环境整治技术构成　/ 29
一、技术系统框架　/ 29
二、技术分类构成　/ 30
第二节　农业农村水污染控制与水环境整治技术状况　/ 37
一、技术发展历程　/ 37
二、技术发展现状　/ 49

第四章　农业农村水污染控制与水环境整治技术评估　/ 62
第一节　技术综合评估　/ 62
一、技术评估的目的与意义　/ 62
二、技术评估方法　/ 63
第二节　技术就绪度评估　/ 85
一、评估结果　/ 85
二、总体分析　/ 98
第三节　技术/经济/环境综合评估　/ 99
一、评估结果　/ 99
二、总体分析　/ 119
第四节　技术先进性分析　/ 120
一、技术创新性评估结果　/ 120
二、技术先进性评估结果　/ 123
第五章　技术进步贡献及应用前景分析　/ 126
第一节　技术进步贡献分析　/ 126
一、主流技术　/ 126
二、核心装备　/ 135
三、典型案例分析与解读　/ 145
四、技术进步贡献分析　/ 150
第二节　技术应用前景分析　/ 152
一、种植业氮、磷全过程控制技术应用前景分析　/ 152
二、养殖业污染控制技术应用前景分析　/ 153
三、农村生活污水治理技术应用前景分析　/ 157
四、农业农村管理技术应用前景分析　/ 162
——展 望 篇——
第六章　技术发展趋势分析　/ 167
第一节　完整性和系统性分析　/ 167
一、完整性分析　/ 167
二、系统性分析　/ 171
第二节　技术发展趋势　/ 175
一、种植业方面　/ 175
二、养殖业方面　/ 177

三、农村生活污水治理方面 / 183
四、农业农村管理方面 / 184
第三节 技术发展展望 / 185
一、种植业方面 / 185
二、养殖业方面 / 186
三、农村生活污水治理方面 / 188
四、农业农村管理方面 / 188
五、流域区域统筹方面 / 189

结语 / 191

基础篇

JICHUPIAN

中国农业面源污染控制与治理技术发展报告（2020）

第一章　中国农业农村发展历程与农业农村水环境演变特征

第一节　中国农业农村发展历程

一、中国农业农村发展阶段与特征

近些年，全国以习近平新时代中国特色社会主义思想为指导，认真贯彻落实中央的各项决策部署，以实施乡村振兴战略为抓手，坚持高质量发展落实赶超，推动建设农业农村现代化新局面。全国农业农村经济快速发展，2019 年农林牧渔业总产值达 123 967.9 亿元，农村居民人均可支配收入 16 020.7 元。相比于新中国成立时，农村的面貌发生了翻天覆地的变化。新中国成立以来，农业农村的现代化进程可分为以下几个阶段。

第一阶段（1949—1978 年）：20 世纪 50 年代，新中国完成土地改革后不久，毛泽东先提出了实现集体化、农业机械化和电气化的指导思想和路线，随后又提出了水利化、肥料化的口号。1954 年 9 月 23 日，周恩来在一届全国人大一次会议上首次提出了“现代化农业”的问题，并在 60 年代初，第一次明确地将农业的机械化、水利化、化肥化和电气化作为现代化农业的内涵。1977 年初，中国农林科学院组织专家，确定了农业“土、肥、水、种、密、保、管、工”八个字的现代化内涵。在此基础上提出“实现我国农业现代化，必须发扬精耕细作的传统，用先进科学技术和现代化装备武装农业，实现大地园林化、操作机械化、农田水利化、品种良种化、栽培科学化、饲养标准化和公社工业化”的农业现代化内涵。此时，农业农村处于起步和徘徊的阶段。

第二阶段（1978—1992 年）：农业农村的恢复与探索阶段。先是废除人民公社，确立以家庭承包经营为基础、统分结合的双层经营体制，建立农村基本经营制度。从1978年安徽省凤阳县小岗村18户农民率先搞起了“大包干”，到1983年，人民公社体制彻底瓦解，标志着农村微观经济组织基础发生了本质改变。家庭联产承包责任制极大地调动了村民积极性，迎来了中国农业的“黄金期”。随后改革农产品统派购制度，发展乡镇企业，探索市场化取向的农村改革。1985年粮食、棉花等农产品取消统购，改为合同订购，其他农产品价格放开，由市场调节供应。20世纪80年代中期，乡镇企业的突起，推进了农村产业结构的大调整，推动了农村经济的大发展。

第三阶段（1992—2003年）：农业农村的改革和调整阶段。重点是深化农产品流通体制改革，完善农产品和要素市场体系，开展农村税费改革试点。通过立法稳定农村基本经营制度，规定土地承包关系延长至30年保持不变，赋予农民长期而有保障的土地承包经营权。20世纪90年代，农村劳动力大规模向城市流动和跨区域转移。为此，国家采取改革中小城市和城镇户籍管理制度等措施，引导农村劳动力有序转移就业。按照加入世界贸易组织协议的要求，改革农产品贸易的市场准入、国内支持和进出口政策，农业对外开放水平大幅提高。

第四阶段（2003—2012年）：城乡统筹发展阶段。这一阶段统筹好农村与城市的关系，加强社会主义新农村建设成为“三农”工作的关键。此时，城乡发展极不平衡，城乡居民收入差距不断扩大，农村社会矛盾日益增加，面对这样的形势，党对农村工作态度有了转变，充分意识到“城”和“乡”两边都要抓，决不能厚此薄彼。首先，推进社会主义新农村建设，2003年12月31日，针对农民增收困难的突出矛盾，国家第一次发布了关于讨论增加农民收入的文件。开始更多关注农民就业问题，为农民提供更多就业渠道和机会，通过对农民工进行城市职业专门培训、解决子女入学难题、维护劳动权益，以增加农民工收入，同时加大对农业的资金和科学技术投入，积极转变农业结构，开拓新型农村产业，争取解决农民增收难题。

第五阶段（2012年至今）：加快农村现代化建设，推动乡村振兴战略阶段。近些年，“三农”始终是国家工作的重点。2013年中央1号文件持续聚焦“三农”问题，文件内容持续创新，表明了不断加快农村改革步伐，落实发展新理念、新制度、新动能、新体系的决心。2018年1月颁布的《关于实施乡村振兴战略的意见》，从各个方面对农业农村农民的未来发展进行了详细规划。一方面，要强化现代农业科技创新推广体系建设，重点突破生物育种、农机装备、智能农业、生态环保等领域关键技术，将农村产业打造成为充满活力生机的朝阳产业。而且，要加快推进现代种业发展和高素质农民培育工作。同时，坚持以农户家庭经营为基础，支持新型农业经营主体和新型农业服务主体成为建设现代农业的骨干力量，充分发挥多种形式适度规模经营在农业机械和科技成果应用、绿色发展、市场开拓等方面的引领功能。另外，打造高产量高效能的养殖业、有特色有优势的家庭农场、重加工重开发的现代农业产业园、好合作好出口的农产品国际贸易环境，为乡村振兴战略铺路。党的十九大以来，随着乡村振兴战略的提出，“三农”工作的追求方向更加明确，实施乡村振兴战略的总要求是“产业兴旺、生态宜居、乡风文明、治理有效、生活富裕”五位一体，共涉及农村经济、政治、文化、社会、生态文明和党建工作等多个方面，彼此之间相互联系、相互协调、相互促进、相辅相成。农业兴、农村稳、农民富是“三农”发展的根本目标。

二、中国与世界发达国家农业农村发展进程分析

发达国家如美国、以色列和日本等在农业农村发展中具有很多先进的经验可以借鉴。比如说，我国各地区发展乡村总是参考日本“造村运动”“一村一品”，然而在盲目学习的过程中会发现难以实施。下面将以日本为重点来阐述世界发达国家农业农村发展的进程。

日本为什么能做到对乡村投入巨大，偏远乡村也能实现基础设施、公共服务、产业全覆盖，这需要深入探讨日本在工业化、城市化和现代化进程中消除城乡二元经济结构，缩小城乡差距，实现城乡一体化的整个过程，才能更好地总结相关对策和建议。中国在2010年城镇化率50%时期开展城乡统筹发展，实现城乡社保、公共服务一体化。这个时期我国仍在城市化进程中期、城市化快速发展的阶段，经济发展和资金积累还不算足够，同时因为农村人口仍占大半，而且农村分布广泛，使得城乡一体化所需的耗费成本巨大。在这个时期想实施日本农工一体化时期采取的措施，期望实现像日本一样农村优于城市的目标，是有难度和压力的。

中日的城镇化进程不完全一致，面临的困难挑战不同，但日本成功地实现了城乡一体化发展，其每个阶段对农村发展的政策、措施、补助力度等都值得总结，以便为中国乡村振兴战略的实施提供可行的建议。

20世纪60年代以前，推动小农经营精耕细作。日本明治维新开启工业化后，一直至20世纪60年代这段时期，乡村发展的主要政策分为两大类：在农业生产方面，促进农村小农经营，提高耕地精耕细作水平，并通过组织家庭农户加入基层农业协同组合，保护农户利益；在公共服务设施方面，两次合并村

镇、集中建设基础设施、公共服务设施。这段时期的日本在开展城市化和工业化的同时，乡村地区主要发展以家庭为主要经营单位的农业。

20 世纪 60—70 年代，扩大农业土地经营规模。在 20 世纪 60 年代，日本城市化率达到 60%，工业化发展迅速，成为全球第二大经济国。这个阶段日本城乡矛盾凸显，差距扩大，呈现城市过密与乡村过疏并存的现象。日本政府针对农业农村发展、平衡地区发展和缩小城乡差距制定了一系列措施，主要方式是转变小农生产与分散化经营，促进农业生产规模化，在 20 世纪 60—70 年代不断提高每户土地保有面积的上限；同时，通过财政补贴方式提高农民收入，提高农民福利保障。

20 世纪 70—90 年代，开展农村工业化。这段时期，日本政府通过农业产业化与农村工业化发展乡村。农村工业化经历了农产品加工工业到装配、制造工业的转变。最初农村主要开展以农产品加工为主体的农村工业化，即“1.5 次产业”。而为了避免农产品在地区间重复竞争，鼓励各市町村培育各自的特色产品发展“一村一品”。然而，这样的农村加工工业遇到了城市私人资本的挑战，除了一部分地区的“一村一品”保留下来，大部分地区的“一村一品”因经营不善濒于倒闭。与此同时，日本工业发展遇到了土地和劳动成本的瓶颈，亟须对外扩张寻求出路。于是，乡村产业从农副产品加工为主导走向了引进城市扩张工业为主。地方政府纷纷建设农村工业园区，引入工业资本进入农村地区。农村工业化运动不仅使日本的电子和精密仪器工业通过向农村农民的分散承包降低了成本，提高了国际竞争力，还让日本农民实现了就地兼业务工，增加了农业以外的收入，改善了家庭经济状况。这个时期日本农民家庭收入的增速超过了城市职工家庭。

1990 年至今，发展复合型的“六次产业”。这一时期日本乡村由于都市圈的发展、年轻人流出以及少子化，继续加剧了乡村地区过疏化现象。为了确保乡村服务质量，日本开展第三次町村大合并即“平成大合并”，让町村有一定的人口密集度和人口规模来满足运作需求。“平成大合并”没有设定明确的人口目标，由地方根据居民生活圈的扩大合理撤并。1990 年起日本城市化率 77.3%，2015 年达到 93.5%，农村人口的占比已经很小了，农村人口的收入高于城市人口。但实际上，并不是农村产业的发展超过城市，农民的收入更多来自财政补助。根据研究，若将日本地方政府预算支出计入，日本国家财政支持农业发展的资金已超过农业 GDP 总额；2013 年，日本农民的农业相关收入与农业经营性收入仅占其平均收入的 27.9%，日本社会保障制度对日本农户增收的贡献明显高于农业现代化政策所带来的福利。农业产值占比低，需要国家大力投入补贴，农业发展缺乏长久动力，农村日益过疏化。因此，1999 年日本颁布《粮食、农业、农村基本法》(简称新农法)，对农村经济结构进行改革。此次改革更重要的是变革对农业产业的观念。新农法赋予农业国防安全价值、文化价值、生态环境价值，将农业看作一种社会产业，即它为全社会提供价值，也需要全社会来扶持。农业产业的观念变革是日本政府在这个阶段强调"生活优先"发展，推动农业生产、加工、销售以及乡村观光旅游复合型的"六次产业"发展模式。重点发展生态农业、观光农业和休闲农业，以体现农业的更多社会功能。

日本乡村发展的政策措施主要分为三大类。一是有关町村合并，三次大合并都是为了扩大町村平均规模，促进基础设施建设覆盖，以提供更好的公共服务。二是有关农村产业发展，最初通过农地改革实现农地私有，调动了农民生产积极性，接着引入农产品初级加工业、推动农地流转实现规模化经营，然后通过农村工业化实现农村经济反超，目前主要发展绿色农业、"六次产业"推动农村产业升级。三是有关乡村社会保障，通过扶持成立农协、财政转移等方式推动与城市居民同等待遇的农村社会保障体系建立。目前，我国正在进行的乡村振兴战略、共同缔造连片推动、国土空间规划中的乡村单元控制等有许多具有特色的创新实践。例如，在公共服务设施和基础设施覆盖方面，目前开展的共同缔造连片推动试点，广东省云浮市新兴县天堂镇有设置片区级的公服设施和基础设施，通过村庄合作提高养老公共服务设施所需的规模要求。而在产业方面，国家也不断出台政策支持乡村产业发展，包括点状供地、建设用地保障、土地经营流转等；广州恒健集团、立讯集团等对广东省广州市白云区人和镇凤和村微改造，在乡村引入民宿、共享办公、休闲旅游文化等新业态。研究整理日本的乡村发展政策，借鉴他们的经验，有助于在规划实践中更好地去应用、创新乡村振兴策略。

第二节　中国农业农村水环境演化过程与特征

一、中国农业农村水环境演化过程

农村水环境是指农村范围内的河湖、水库、池塘等地表水和地下水。不仅能为村民提供生产生活用水，还能调节洪涝。改革开放以来，经济的快速发展使得环境遭到了一定破坏。1993 年，七大水系和内陆河流评价 123 个重点河段中，符合《地面水环境质量标准》Ⅰ～Ⅲ类标准的占 52%，Ⅳ、Ⅴ类占

48%。1998年，长江、黄河、松花江、珠江、辽河、海河、淮河和太湖、巢湖、滇池的断面监测结果表明，36.9%的河段达到或优于地面水环境质量Ⅲ类标准，63.1%的河段水质为Ⅳ类、Ⅴ类或劣Ⅴ类，失去饮用水功能。七大水系污染程度为辽河、海河、淮河、黄河、松花江、珠江、长江。太湖水质介于Ⅳ类至劣Ⅴ类；滇池水质均为Ⅴ类和劣Ⅴ类水质；巢湖水质均为劣Ⅴ类水质。1998年，太湖流域水污染防治工作取得阶段性成果，治污设施完工70%，生态农业示范区建设和湖区流域部分河道清淤工作取得进展。国务院批准《滇池流域水污染防治规划》，草海底泥疏挖工程及其他治污工程全面开始。巢湖流域重点排污单位1999年达标排放计划已制定并实施，各项污染防治工作全面开展。此时，对农业农村的水环境关注还不多。1998年首次提出农村地区不合理施用化肥、农药等农用化学物质对地表水的影响日趋严重。1999年我国主要河流有机污染普遍，面源污染日益突出。生活污水排放量首次超过工业废水排放量。《海河流域水污染防治规划》和《辽河流域水污染防治规划》开始实施，滇池流域、巢湖流域的污染源达标排放。截至2000年底，全国（不含西藏）9.54亿农村人口中，改水受益人口达8.81亿人，占农村人口的92.3%。全国农村有自来水厂、供水站67.46万座，饮用自来水人口5.27亿人，占农村人口的55.2%；手压机井4 891万台，饮用手压机井水人口2.23亿人，占23.4%。经全国布点监测，2000年农村地区饮用水卫生合格率达到62.1%。全国（不含西藏）2.38亿农户中，已有1.07亿户建立了各种形式的卫生厕所，卫生厕所普及率为45.0%。其中，卫生厕所的粪便无害化处理率为31.2%。

2001—2014年，长江、黄河、珠江、松花江、淮河、海河和辽河七大流域和浙闽片河流、西北诸河、西南诸河总体水质明显好转，Ⅰ～Ⅲ类水质断面比例上升32.7个百分点，劣Ⅴ类水质断面下降21.2个百分点（图1-1）。

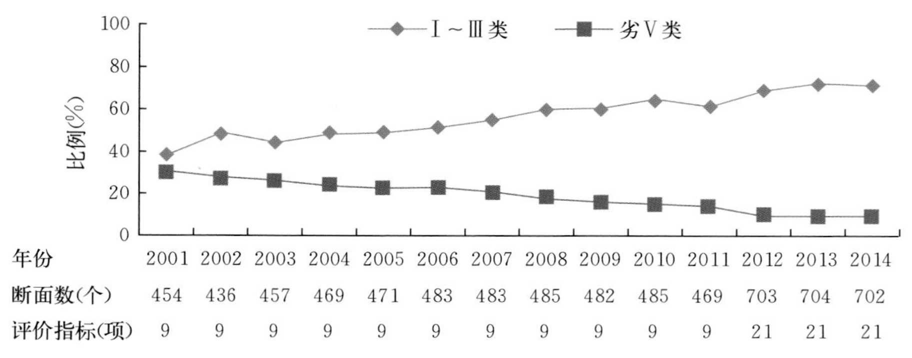

年份	2001	2002	2003	2004	2005	2006	2007	2008	2009	2010	2011	2012	2013	2014
断面数(个)	454	436	457	469	471	483	483	485	482	485	469	703	704	702
评价指标(项)	9	9	9	9	9	9	9	9	9	9	9	21	21	21

图1-1　2001—2014年七大流域、浙闽片河流、西北诸河和西南诸河总体水质年际变化

在此期间，2007 年进行了第一次全国污染源排查，经排查发现，农业源（不包括典型地区农村生活源）中主要水污染物排放（流失）量：化学需氧量（COD）1 324.09 万吨、总氮 270.46 万吨、总磷 28.47 万吨、铜 2 452.09 吨、锌4 862.58 吨。其中，种植业总氮流失量 159.78 万吨、总磷流失量 10.87 万吨。重点流域种植业主要水污染物流失量：总氮 71.04 万吨、总磷 3.69 万吨。畜禽养殖业主要水污染物排放量：化学需氧量 1 268.26 万吨、总氮 102.48 万吨、总磷 16.04 万吨、铜 2 397.23 吨、锌 4 756.94 吨。畜禽养殖业粪便产生量 2.43 亿吨、尿液产生量 1.63 亿吨。重点流域畜禽养殖业主要水污染物排放量：化学需氧量 705.98 万吨、总氮 45.75 万吨、总磷 9.16 万吨、铜 980.03 吨、锌 2 323.95 吨。水产养殖业主要水污染物排放量：化学需氧量 55.83 万吨、总氮 8.21 万吨、总磷 1.56 万吨、铜 54.85 吨、锌 105.63 吨。重点流域水产养殖业主要水污染物排放量：化学需氧量 12.67 万吨、总氮 2.15 万吨、总磷 0.41 万吨、铜 24.62 吨、锌 50.15 吨，其他年份如表 1-1 所示。2008 年《水污染防治法》进行了二次修订，提出把保障饮用水安全放在首要位置，强化了城镇污水处理和农业农村水污染防治。2008 年 7 月 24 日，首次召开了全国农村环境保护会议，会议确定农村水环境保护的主要目标是到 2010 年，农村饮用水水源地水质有所改善，农业面源污染防治取得一定进展，严重的农村水环境健康危害得到有效控制。农村生活污水处理率、生活垃圾处理率、畜禽粪便资源化利用率、测土配方施肥技术覆盖率、低毒高效农药使用率均提高 10%以上。到 2015 年，农村人居环境和生态状况明显改善，农村环境监管能力显著提高。

表 1-1　2011—2014 年全国废水排放总农业源的占比情况

年份	全国废水 COD 排放总量（万吨）	农业源 COD 排放量（万吨）	全国废水氨氮排放总量（万吨）	农业源氨氮排放量（万吨）
2011	2 499.9	1 186.1	260.4	82.6
2012	2 423.7	1 153.8	253.6	80.6
2013	2 352.7	1 125.7	245.7	77.9
2014	2 294.6	1 102.4	238.5	75.5

2015—2019 年，长江、黄河、珠江、松花江、淮河、海河和辽河七大流域和浙闽片河流、西北诸河、西南诸河总体水质如图 1-2 所示，Ⅰ～Ⅲ类水质断面占比由 64.5%升至 79.1%，上升 14.6 个百分点；劣Ⅴ类由 8.8%降至 3%，降低 5.8 个百分点。西北诸河、西南诸河和长江流域水质为优，珠江流

域和浙闽片河流水质良好，黄河、松花江、淮河、海河和辽河流域为轻度污染；太湖轻度污染、轻度富营养状态，巢湖中度污染、轻度富营养状态，滇池轻度污染、轻度富营养状态。

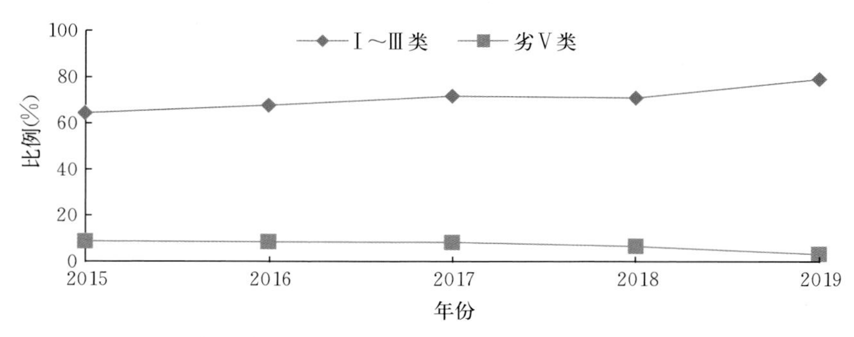

图 1-2　2015—2019 年七大流域、浙闽片河流、西北诸河和西南诸河总体水质年际变化

2017 年第二次全国污染排查如图 1-3 所示，其中，畜禽养殖业排放的化学需氧量占全国废水排放量的 46.67%，氨氮排放量占全国废水排放量的 11.51%，总氮排放量占全国排放量的 19.61%，总磷排放量占全国废水排放量的 37.95%；种植业无化学需氧量的排放，氨氮排放量占全国废水排放量的 8.62%，总氮排放量占全国排放量的 23.66%，总磷排放量占全国废水排放量的 24.16%；水产养殖业排放的化学需氧量占全国废水排放量的 3.11%，氨

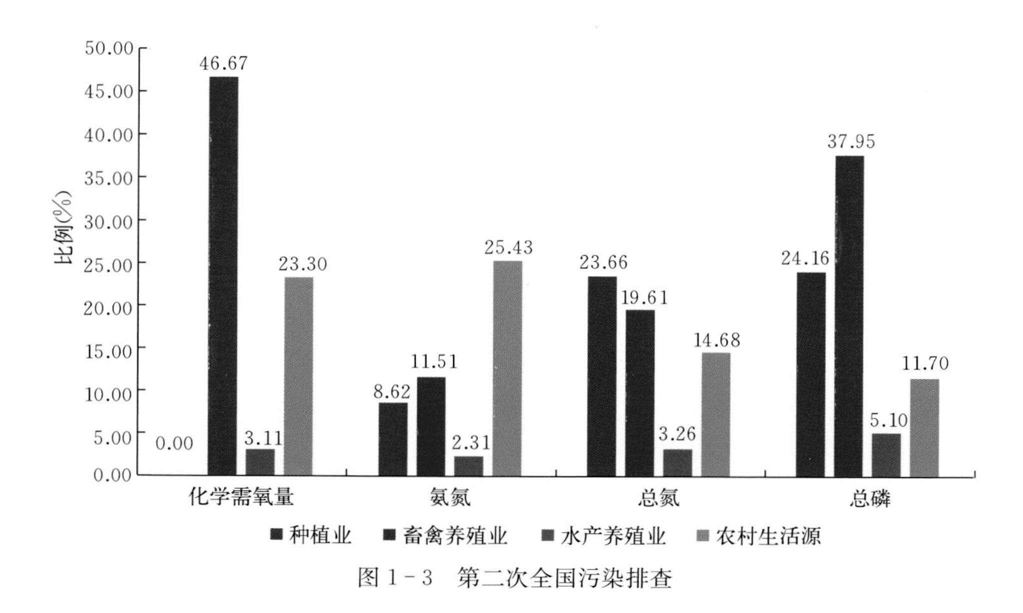

图 1-3　第二次全国污染排查

氮排放量占全国废水排放量的 2.31%，总氮排放量占全国排放量的 3.26%，总磷排放量占全国废水排放量的 5.10%；农村生活源排放的化学需氧量占全国废水排放量的 23.30%，氨氮排放量占全国废水排放量的 25.43%，总氮排放量占全国排放量的 14.68%，总磷排放量占全国废水排放量的 11.70%。

二、中国农业农村水环境演化特征

改革开放以来，随着一系列农业与农村发展战略措施的实施，中国的农业增长成绩斐然。然而，在农业经济快速增长的同时也付出了较大的资源环境代价。应该充分意识到，长期影响农村发展的资源环境因素依然普遍存在，尤其是农业生产和农村发展中所带来的面源污染问题日趋严峻，成为社会各界关注的焦点。农业面源污染是指在农业生产过程中不合理的化肥、农药、畜禽粪便以及农村生活垃圾等对农业和农村生态环境所形成的大面积污染。农业面源污染相对于点源污染具有分散和隐蔽的特点。因此，其对环境的影响和治理的难度也相应更高。从全世界来看，农业面源污染已成为水体污染的主要来源。在此背景下，准确把握我国农业面源污染现状，并探讨其时空差异特征与动态演变规律是有效改善农村生态环境、推进农业与农村永续发展的重要环节和首要任务。

针对我国农业面源污染排放的区域差异问题，利用 2003—2014 年中国 31 个省份的面板数据样本，以农业面源污染排放强度为研究对象，采用 Dagum 基尼系数和非参数估计方法，考查了中国农业面源污染的空间差异及其演变趋势，得出以下主要结论：

2003 年起，我国农业面源污染排放强度总体下降，且表现出明显的空间差异。其中，东部和中部地区的排放强度较高，西部和东北地区则相对较低。基尼系数分析结果表明，中国农业面源污染排放强度的空间差异出现略微扩大趋势，地区间差异是中国农业面源污染排放强度总体差异的主要来源，但其对总体差异的贡献率逐年下降，地区内差异和超变密度对总体差异的贡献率则均呈上升态势，且后者的上升幅度更为明显。表明地区间农业面源污染排放强度的差异逐渐缩小，而地区内各省份间的差异则在不断扩大。结果表明，在研究期间，我国农业面源污染排放强度变化经历了“下降-上升-下降”的过程。从四大区域来看，东部和中部的农业面源污染排放强度的差异表现出微弱的缩小态势，而西部和东北部的差异则逐步扩大。根据马尔科夫链分析表明，不同类型间农业面源污染排放强度的相互转移较少，各省份农业面源污染排放强度在全国层面的相对位置较为稳定。从长期来看，中国农业面源污染排放强度存在两极分化的趋势，低污染省份虽占据较大的比重，但高污染省份的污染排放仍未得到有效控制。

我国农业面源污染排放整体下降但区域差异明显。因此，在未来农业发展中还应进一步提高环境友好型技术的研发与推广，减少农药、化肥的使用，改造传统农业向技术密集型现代农业转变。同时，各地区应根据自身的地域特征，实施差别化的农业发展政策，在稳定粮食生产的同时注重生态环境保护，促进对农业面源污染的有效控制和农业、农村可持续发展。中国农业面源污染排放强度区域差异呈扩大趋势，地区间差异对其总体差异的影响较大，在制定农业发展政策时应充分考虑各区域农业发展特点，制定相应的农业面源污染管控措施，尤其是西部等后进地区应加强与东、中部先进地区的交流与合作，大力引进先进的农业生产技术与管理经验，加强生态治理与环境保护，以逐步缩小差距，实现污染控制与农业增产的双赢结果。

第二章　中国农业农村水环境问题及技术支撑需求

第一节　农业农村水环境问题解析

一、农业农村水环境问题现状

近年来，随着改水、改厕和新农村建设等农村水环境综合整治措施在农村的开展，农村的水环境有了一定的改善。但在污水收集处理、生活垃圾处理、面源污染治理和农村水环境管理能力方面还存在问题。首先，由于农村布局分散，使得污水收集处理难度较大。大部分村庄缺乏独立的污水收集系统，部分经改造的村庄建立了污水收集系统，但雨污并未分流，未进行改造的自然村污水乱排乱倒现象依然存在。而且，污水收集时出现跑冒滴漏，造成管网周围的土壤和水环境二次污染。而且，部分村庄虽建设了污水处理设施，但由于缺少维护资金、技术人员等，设施基本处于停用，并未达到污水处理的效果。其次，村民由于长期养成的不良习惯，环保意识薄弱，将产生的生活垃圾随意丢弃或直接倒入沟渠河道，不仅堵塞和污染河道，而且一些生活垃圾和化肥、农药等废弃物的随意堆放，在雨水作用下固体废弃物中的污染物质进入地下水，造成了地表水和地下水的污染；部分村庄采用集中供水和分散供水相结合的方式，以山泉水和地下水作为饮用水来源，但对水源水质并未进行常规监测，暴雨时段，饮用水出现混浊现象，不适合生活饮用。而且，村民饮水安全意识的薄弱，没有经过沉淀、过滤和净化等工艺，水质安全无法得到保障。一些农村虽建有水净化装置，但由于缺乏维护资金和专业的维修人员，运行一段时间后就搁置废弃；另外，乡镇企业的发展虽促进了乡村经济的发展、提高了村民的物质文化生活水平，但对农村水环境也造成了严重的污染，尤其是一些造纸、印染、化工厂等，废水污染性强、排放量大，使得附近的农村水污染严重。除此之外，农业面源污染多年来一直是我国河湖污染的主要污染源，也逐渐成为农村地表水体污染的主要贡献者，严重威胁全国人民的饮用水安全。农业面源污染的成因主要包括农田种植过程中农药、化肥的过量使用以及畜禽养殖等产生的废弃物，通过降水、排水等途径进入地表、地下水环境中。其中，畜禽养殖在农业面源污染中所占比例最大。

在我国传统农业经济发展中，始终以种植业为主、养殖业为辅的模式运行，并且多以分散养殖形式进行畜禽养殖，猪、牛、羊等动物一般为圈养，而鸡、鸭、鹅等动物多为散养。而养殖户会进行畜禽粪便的沤制，然后将肥料施撒于农田中。所以，不存在粪便、废水大量排放的问题。虽然传统养殖形式创造的收益较低，但不具备生态环境破坏的能力。而实施集约化、规模化养殖后，分散养殖模式逐渐消失，取而代之的则是大批量养殖专业户的形成，因养殖场地规模小，加之兽药的大量应用，致使畜禽养殖的排放量逐年提升，而当地生态系统无法承载逐年提升的排放量，导致畜禽养殖污染日益突出。根据2020年6月公布的第二次全国污染排查报告，2017年畜禽养殖业排放的化学需氧量占全国废水排放量的46.67%，氨氮排放量占全国废水排放量的11.51%，总氮排放量占全国排放量的19.61%，总磷排放量占全国废水排放量的37.95%。虽与第一次全国污染排查相比，畜禽养殖业的污染减排取得了一定的效果，但在全国废水污染物排放中的占比却有所上升。因此，畜禽养殖业造成的水环境问题亟待解决。

二、农业农村水环境问题成因分析

（一）种植业方面存在的问题

问题1：高作物产出和低氮、磷排放两难全。我国作为农业大国，粮食总量供给是国家战略需求的重要部分。受迫于日益增加的人口压力和经济发展需求，耕地面积的减少不可避免，提高单位面积的作物产出是保证粮食总量供给的关键。与国外相比，我国种植业在化肥投入管理上集约化程度更高，而较为破碎化的农田分布增加了大型机械化统一精细管理的难度，提高化肥投入量是农户争取高产的主要途径。自20世纪70年代至近10年，我国氮、磷肥的消费量分别增长了1.8倍和2.7倍，实现了我国粮食总产量的成倍增长。然而，过量施肥导致的氮排放量增加了240%，而磷则以沉积态大量存于土壤，给农业农村水体污染带来了巨大的隐患。肥料对作物产出和氮、磷损失的同步推动，导致高作物产出和低氮、磷排放呈现出两难全的现况。

问题2：农田用地紧张，农田距离水系路径较短，设置过程拦截工程要求高、难度大。此受限于我国“人多地少”的土地利用现况，为单位面积农田配备较高面积比例湿地对排入水中的污染物质进行净化，或在农田周边空闲区域构建宽拦截带对排入水中的污染物质进行阻断，不具备可行性。我国农田距离水系路径较短的状况较为普遍，农田排入水中的氮、磷养分极易迅速排至河道水体。对农田排水污染的有效拦截，应在较短迁移路径得以实现，且相关工程设施不宜占据额外农田，要求高、难度大。

因此，与养殖业、农村生活等污染源相比，种植业面源污染具有更高的潜在氮、磷损失总量和污染风险，管控与削减的难度更大。

（二）养殖业方面存在的问题

1. 畜禽养殖业 目前畜禽养殖污染防治的问题有养殖场布局不合理、污染物防治积极性差、畜禽养殖污染监管困难和畜禽养殖污染防治技术有待提高。畜禽养殖布局不够规范是养殖场普遍存在问题，也是污染防治不力的重要影响因素；中小型养殖场的出发点是扩大养殖规模，粗放式管理，很少会把注意力放在污染防治上。近些年饲料、疫苗等价格的上涨，畜禽养殖成本大大增加，而污染防治本身就是一项耗资较大的工程。因此，当前畜禽养殖产业中污染防治的积极性不高；畜禽养殖场分散零散，多在郊区和农村，使得污染监管困难，很多问题无法被发现；畜禽养殖污染防治技术的不成熟，也是畜禽养殖目前面临的重要问题。

从养殖污染的源头上来说，厂址规划、工艺规划的不合理以及畜禽饲料、粪便当中的有害物质均会污染养殖场周围水体，继而影响周围居民的人身健康。除此之外，畜禽的饮水、器具清洗、身体清洗以及粪便处理产生的污水，也是造成水体污染的主要原因。

畜禽养殖废水主要是畜禽的粪便，其组成危害巨大，当中包含了大量的悬浮物、氮、磷及农药残留等。若没有进行有效的处理，将会对周边环境乃至人们正常的生产生活造成严重影响，畜禽养殖废水的危害主要体现在如果畜禽养殖废水没有进行无害化处理，将会导致有害物质进入地下水、农田、土壤，导致地下水污染、对农作物的正常生长造成严重危害、影响到土地的整体质量，从而影响当地农业的发展。另外，养殖废水中含有的大量氮、磷是造成水体富营养化的主要原因，而水体富营养化已成为世界上突出的环境问题之一。

面对畜禽养殖污染的严峻形势，除了从源头上减少污染物排放，对养殖废弃物的资源化利用是缓解畜禽养殖污染的重要方法之一。2017年全国畜禽粪污总量达 39.8 亿吨，到 2020 年达 42.44 亿吨，但目前畜禽养殖产业废弃物的综合利用率不足 60%。《乡村振兴战略规划（2018—2022 年）》提出要在 500 个养殖县推进畜禽粪污资源化利用试点，使全国畜禽粪污资源化利用率提高到 75%以上。目前，农村生态环境治理是乡村振兴的瓶颈，而畜禽养殖产业废弃物的资源化利用是解决农村生态环境治理的重要一环。因此，加快畜禽废弃物资源化利用是解决畜禽养殖污染、控制农业面源污染和改善农村生态环境的有效途径。

2. 水产养殖业 随着经济的快速发展和养殖业者对高产高效益的追求，我国的水产养殖朝着高密度、集约化、规模化的方向发展，形成了高生物负载量和高投入量的养殖模式。2019 年水产养殖产量已达 5 000 余万吨，约占世界水产养殖总产量的 70%，稳居世界首位。在高投入高产出的模式下，养殖密度超过了水体容量，大量的残剩饵料、肥料和生物代谢产物累积，造成氮、磷、渔药等污染物超过了池塘水体的自然净化能力，水体富营养化显著，养殖水体的污染日益严重。为了维持水体的生态功能，必须通过更换养殖用水来保证水产养殖的正常进行，排出废水中的氮、磷未经处理直接排入周边水域，导致水域富营养化。据《全国第二次污染源普查公报》，2017 年全国水产养殖业水污染物排放量为化学需氧量 66.60 万吨、氨氮 2.23 万吨、总氮 9.91 万吨、总磷 1.61 万吨，分别占全国农业源水污染物排放量的 6.24%、10.31%、7%、7.59%。目前，我国绝大部分地区水产养殖尾水未经净化处理直接外排，造成周围河流和湖泊水体氮、磷等元素增加，导致水体富营养化或加重水体富营养化等。另外，养殖者对化学渔药的不规范使用导致养殖水体中药物残留量超标，进而对水域生态系统自身造成危害，破坏水体生物群落结构，进而减弱水体降解氮、磷的能力。

（三）农村生活方面存在的问题

1. 农村生活污水治理率低，处理设施运行率低、稳定运行效果差 目前我国农村生活污水年排放量 100 亿吨左右，水专项近 10 年的调查研究表明，太湖流域农村生活源 COD 和氨氮入湖通量占 20%左右，与工业源相近；2016 年洱海流域农村生活污染总氮、总磷负荷分别占入湖污染总负荷的 23%、18%，加快农村生活污水治理，对流域水环境质量改善十分必要和紧迫。但截至 2020 年有效治理率仅为 25%，已建成的农村生活污水处理设施普遍存在运行率低、处理效果不理想等问题。“十二五”期间的太湖流域调研结果显示，抽查的 210 套农村生活污水处理设施中，48.6%可正常运行，29.5%非正常运行，21.9%设施未运行；对采用 A2/O 一体化装置、复合生物滤池、膜生物反应器以及序批式活性污泥法4种常用技术的出水水质进行检测，结果显示COD去除效果较稳定，3种技术总氮去除效果不稳定，4种技术在不添加药剂的情况下总磷去除率仅为28%～36%，处理率普遍不高。2017年广东省调研数据显示，已建农村污水处理设施有效运行率不足20%。除资金短缺、管理粗放等因素外，技术不符合农村特点、运行成本高、运行维护复杂等是制约农村生活污水设施正常运行的主要技术瓶颈。

2. 工程项目规划、建设不规范 部分地区由于前期规划不到位，农村生活污水处理设施建设与改厕、饮用水、扶贫安置、雨水收集等工程未能有效衔接，存在农村污水处理设施进水量小、污水浓度低、影响污水处理设施正常运行等问题；农村污水处理设施规模大多小于200立方米/天，设计中存在不考虑农村污水水量小、波动大等特点以及地区差异，简单套用城市污水处理工艺技术和设计参数等问题，导致出水达不到预期效果；农村生活污水处理设施规模小、位置偏远，在工程建设过程中普遍存在低价中标、层层转包以及施工过程质量监督薄弱等问题，导致收集管道、处理设施建设不规范，施工质量差、建材质量得不到保证、污水漏失量大、使用寿命短等问题突出。

3. 污水治理设施长效运行机制不健全 农村生活污水治理长期存在地方政府责任落实不到位、设施运行维护经费不能足额到位、管理不规范、监管不到位等问题。一些地方对农村生活污水治理重视不够，主体责任不明确，无量化考核指标。大多未建立合理收费机制，经费主要依靠地方政府，财政压力大。生活污水治理投入大、投资回报低，社会资本不愿介入，使得资金渠道少，运行维护资金缺口较大。部分地区为节省运行维护费用，委托当地村民运行维护，技术水平低，无法实现专业化维护管理。基层环保监管人员严重不足，市级环境监管人员数量少、任务重，对于农村污染治理设施只能偶尔抽查；乡镇级环保所几乎没有专业的环保人员，严重影响了农村环境监管工作。

4. 资源化利用水平低 部分地区脱离农村实际，盲目追求污水达标排放，不仅建设和运行费用高，造成资源浪费，而且不便于后期管理。已出台的地方农村生活污水排放标准中，仅山西和宁夏的标准提出污水灌溉回用水质标准，其他标准未明确提出资源化利用要求，从标准层面缺少引导。有研究对我国2000—2016年共计119项小于1 000立方米/天的农村生活污水处理工程案例进行了文献统计，共84篇文献注明设计出水标准。其中，执行各类排放标准的文献占94%，执行《农田灌溉水质标准》的仅占6%。资源化利用水平低的主要原因是地方政府盲目追求农村生活污水处理高标准，资源化利用配套设施、激励机制不健全以及农民资源化利用积极性不高也是重要原因。

（四）农业农村管理方面存在的问题

农业农村管理方面主要面临的问题包括治理主体责任不明确、不同管理部门之间政策设计协调性不足、法规标准体系不系统不完善、缺乏有效监管和评估技术支持、缺乏长效运行维护管理机制、市场机制不完善等。由于农业面源污染存在分散性、随机性、隐藏性、难监测，具体责任主体难以追溯等特点，同时农业面源污染治理存在明显的外部性特征，地方政府对环境质量的监管仍然主要集中于工业企业等点源污染，对农业面源污染治理工作推动力度不够，广大农民、农业生产合作社、其他农村经营企业等主体主动开展农业面源污染的积极性不足。农业面源污染治理涉及多个管理部门，但部门之间沟通协调不足，难以形成治污合力。农业面源污染治理的法规和标准体系尚不完善，针对种植业、畜禽和水产养殖、农村生活污水治理等方面强制性措施、引导性标准和工程技术规范明显缺乏。农业面源污染管理措施缺乏有效监管技术，面源污染治理管理的有效性难以确认。农村生活污水治理、秸秆综合利用、畜禽粪污资源化利用等早期偏重于设施建设，但普遍缺乏运营资金、专业运行维护管理技术和机制保障，难以保证长效运营效果，相应的价格激励、政策激励机制明显不足，有机农产品生产、畜禽粪污综合利用、秸秆资源化利用等难以充分体现为相关生产者的经济效益。

第二节　农业农村水环境改善技术需求

一、农业农村水环境整治目标与技术思路

进入水体的总氮、总磷中，来自工业废水的仅占10%～16%，而农业面源污染和生活污水的贡献占绝大多数。当前，中国受农业面源污染影响的农田有2 000万公顷，将近50%的地下水被农业面源污染。农业面源污染已成为当前水体污染中最大的问题，严重影响农业和环境的可持续发展。

在种植业方面，农业区化肥施用量较大，每亩*平均化肥施用量约为27.1千克。由于地处河网地区，降水量充沛，地势平坦，农村河流以小河流为主，水体流动速度较慢，自净能力较弱，因此，农业生产中施用的化肥、农药等种植业面源随地表径流排入小河流中，氮、磷的流失造成水体氮、磷污染物增加。在养殖业方面，我国畜禽养殖业较为发达，养鸡场、养猪场等分布较

* 亩为非法定计量单位。1亩=1/15公顷。

广且多数建立在河流附近。部分养殖场所产生的粪便、污水未经无公害化处理直接排入环境水体中。另外，畜禽粪便集中处置中心建设滞后，导致大量农村散养的畜禽粪便、污水无法正常收集处理，就近直接入河，加剧了农村小河水质的恶化。在农村生活污水治理方面，尽管近年来随着国家对农村人居环境整治工作的重视，相关的生活污水处理设施、治理工程纷纷建立，但是有些存在着设计负荷偏高、运行效果不稳定、处理设施“晒太阳”等多种多样的问题，在一定程度上影响着农业农村水环境的质量。

现今，美丽乡村建设已经成为我国一个重要的发展目标，建设美丽乡村必须治理好农村环境，而优良的农村水环境是良好农村环境的核心标志。随着“三大攻坚战”的提出，未来10年将会是污染治理的关键期，而农村水环境治理更是其中的难点和重点。目前，中国农业农村水环境整治的目标应是以生态农业产业链技术来实现农业面源污染的有效控制，基于产业链的建立完善实现养分的全循环和资源的高效利用，从流域层面上实现清洁治理，是未来整治的核心目标。

农业面源污染是通过降水和地表径流冲刷，将大气和地表中的污染物带入受纳水体，使受纳水体遭受污染的现象。为减少农业面源引起的水环境污染，根据农业面源引起水污染路径过程，分为3个阶段进行治理拦截，即从源头对污染源进行控制，在过程中对污染物阻断拦截，在末端对水体进行生态技术强化吸收拦截。针对农业面源污染的主要防控技术有从源头上减少农药、化肥的使用，通过优化养分和水分管理过程，减少肥料等投入品的使用，提高养分利用效率，以及实施节水灌溉和径流控制达到控制农田污染的目的，构建生态沟渠、缓冲带、生态池塘和人工湿地对已经产生的污染进行控制。

在农田种植中，生态沟渠是农业领域最有效的营养保留技术之一。在生态沟渠中，排入水中的氮、磷等营养物质可以通过沟渠中的生物进行有效拦截、吸附、同化和反硝化等多种方式去除，已在我国太湖地区广泛应用。此外，采用保护性耕作、免耕和生态隔离带等措施也是拦截农业面源污染的重要措施；养分再利用将面源污水中的氮、磷等营养物使之再度进入农作物生产系统，为农作物提供营养，达到循环再利用的目的。对于畜禽粪便和农作物秸秆中的氮、磷养分，可通过直接还田，或养殖废水和沼液在经过预处理后进行还田。如发酵床原位养殖等生态养殖模式是一种经济效益、环保效益俱佳的新型养猪模式，值得在农业面源污染控制的实践中推广应用。以农业种养废弃物为原料的生物腐殖酸肥料不仅具有丰富的营养价值，而且还能有效减少农田径流中的污染物，具有可观的环境效益。对于农村生活污水、农田排水及富营养化河水中的氮、磷养分，可通过稻田/湿地系统对其消纳净化和回用。此外，改善农业农村的水环境需要加强宣传，完善相关的政策制度建设，引导第三方的专业化服务组织参与，增强公众的农村水环境保护意识及参与度。

二、农业农村水环境整治技术支撑需求

（一）种植业方面的技术需求

种植业污染防控的技术需求主要集中在保障生产的污染源头削减技术、短距高效的污染过程拦截技术和全过程的技术体系构建3个方面。

1. 保障生产的污染源头削减技术 我国作为农业大国，粮食总量供给是国家战略需求重要部分。受迫于日益增加的人口压力和经济发展需求，耕地面积的减少不可避免。在此条件下，提高单位面积的作物产出是保证粮食总量供给的关键，而要提高作物产出，增加肥料用量必不可少。自20世纪70年代至近10年，我国氮、磷肥的消费量分别增长了1.8倍和2.7倍，实现了我国粮食总产量的成倍增长。然而，过量施肥导致的氮排放量增加了240%，而磷则以沉积态大量存于土壤，成为农业面源污染的主要贡献体，带来了巨大的污染隐患。肥料对作物产出和氮、磷损失的同步推动，导致高作物产出和低氮、磷排放呈现出两难全的现况。如何在保证产出的前提下提升农业环境，以可持续发展的方式调节两者关系，是当前我国种植业亟须解决的问题。

2. 短距高效的污染过程拦截技术 水作为种植业磷迁移的主要载体，也是管控氮、磷排放的关键。田块尺度的源头调控，需把作物生长对水分和养分的需求时点、田块现有水量和降水预测综合考虑，用于指导灌、排管水的决策。而拦截随水流出田块外的氮、磷，主要依赖排水系统上的拦截工程实现污染物的沿程削减。对于平原河网区不同作物类型的种植业系统，如何以水分为抓手，通过排灌水系统的改造提高氮、磷消纳，实现区域氮、磷污染防控，亟须具备兼容性和灵活参数的沿程削减技术支持。

3. 全过程的技术体系构建 现有污染物源头削减技术并不在少数，但对于具有物质流、能量流复杂交错的种植系统而言，单一的肥料、耕作或添加剂技术在减少某一环节污染物排放的同时并不一定能从系统排放总量或生产可持续上实现有效管控。此外，近年不断出台的有关田块管理规划的政策，正导向性推进着碎片化农田规整和农业机械化发展。如何实现多途径、全生育期的种植业氮、磷污染防控，整装集成有效的单项技术、形成系统性技术体系，缺一不可。

（二）养殖业方面的技术需求

1. 畜禽养殖污染控制技术 畜禽养殖污染的控制技术根据不同的污染控制技术需求方向可以分为污染源头控制技术，氮、磷有机污染减排技术和废弃物资源化利用技术。

（1）污染源头控制技术。首先，养殖场的选址应远离人口稠密区，尤其是要远离环境敏感区，如水源区、河流上游地区、上风向区、自然保护区等；其次，在设计前期对养殖场内的养殖舍、给排水系统等进行合理布局，保证污水收集能够通畅、全面。养殖场要分别设雨水收集系统和污水收集系统，进行雨污分离，减少污水处理量。

饲料是影响畜禽发育的核心因素，也是影响畜禽排泄物成分以及污染物含量的决定性因素。所以，可通过环保性饲料的研发来践行清洁生产理念。针对环保性饲料的研发，其研发方向应确定为低金属污染、除臭型、高转化率以及营养平衡饲料的研发。通过向饲料中适当添加氨基酸、酶制剂等平衡饲料中的物质或提升饲料养分的消化效果。例如，将非淀粉多糖酶应用于鸡饲料中，达到提升饲料转化率的目的。同时，在猪、鸡饲料中合理应用植酸酶可以起到不易消化磷转变成有效磷的作用，减少畜禽粪便中磷物质的含量。而且，现阶段常用的高铜、高锌饲料虽然可以提升畜禽的发育质量，降低畜禽出现腹泻等疾病的发生率，但是长期使用后畜禽排泄的粪便存在高污染性，进而对环境造成严重的破坏。对此，需重视对低金属饲料的研发，或利用中草药饲料取代以往高金属饲料的应用。

而且，对养殖工艺需进行一定的改造，从而减少污水的产生。养殖工艺改进的方向主要包括用水节约改进和清粪工艺改进等。用水节约改进主要是依据对畜禽养殖情况的分析，进行配水情况的改进。视畜禽发育情况，合理计算出满足畜禽生长所需的具体供水量，在此基础上进行每日供水量的控制。同时，引进先进供水设施，避免在供水期间出现渗、滴、漏现象，提升水资源利用率。对于冲洗用水，可以在不同季节条件下，依据对畜禽排泄量、排泄频率的分析进行冲洗用水量的控制。针对清粪工艺的改进，目前常用的为干清粪工艺。相较于水泡粪、水冲式工艺的应用，干清粪工艺更为清洁环保，其主要是通过收集畜禽粪便，并借助日照等方式强化干清粪效果，减少粪便排泄造成的污染，并通过粪便清理进行再利用。

（2）氮、磷有机污染减排技术。畜禽养殖的氮、磷减排，除了通过调整优化畜禽养殖业布局和从源头上控制外，对于养殖废水的处理也是氮、磷减排的有效途径之一。目前，对于养殖废水的处理技术主要有自然处理技术、生态湿地废水处理技术、生态厌氧废水处理技术和膜生物反应器（MBR）废水处理技术。自然处理技术是指在开展养殖的过程当中，通过氧化塘、土地处理系统以及人工湿地等自然处理系统，让养殖过程当中产生的废水通过自然的方式和途径来进行无害化的处理。这种废水处理模式占地面积大，且对温度要求高，但运行和管理简单，资金投入可以大大减少。生态湿地废水处理技术是一种较为先进的处理技术，这种处理技术是通过湿地环境对养殖废水当中的水生生物、微生物以及有机物进行充分分解，从而达到无害化处理的模式。这种模式对于污水处理技术的要求较高，需要找到专门的生态湿地来对养殖废水进行处理，而且应用后容易发生植物退化、氮去除效果降低等现象。生态厌氧废水处理技术是一种经济性较强的废水处理方式，这种废水处理方式不需要有较大的土地面积和较高的处理技术，通过厌氧微生物的降解作用来净化水中的有机物，同时能够有效杀灭病菌，防止造成传染病，但需要保证无氧条件。MBR废水处理技术是一种较为先进的废水处理模式，其主要是通过MBR将活性污泥法与膜分离技术结合起来。在处理养殖废水时，可以解决其中有机物含量高、泥水分离不稳定的问题。其优点是能最大限度地保证废水处理的无害化，处理后水的水质较好并且十分稳定，而且占地空间小，整体操作方式较简单；缺点是前期投入大，能源消耗大。

（3）废弃物资源化利用技术。废弃物资源化利用包括肥料化利用、饲料化利用和能源化利用3个方面。其中，肥料化和能源化是主要的利用方向。肥料化利用技术是目前各国常用的畜禽养殖废弃物资源化利用技术，也是我国目前主要采用的资源化利用方式，主要包括堆肥技术和生物发酵技术。堆肥技术是通过构建蓄粪池等设施进行自然堆肥，随后还田，这种方式适用于个体和小规模养殖；生物发酵技术是将畜禽废弃物转化成有机肥或有机-无机复合肥，处理规模大，适合中等规模以上的养殖场。饲料化利用技术是将鸡粪经处理后用作猪、牛、羊的饲料或养殖鱼类，一些养殖场也将牛粪等废弃物作为蚯蚓养殖的培养基或食用菌种植的基料。但由于废弃物饲料化存在有害物质超标的风险，目前不主张使用。能源化利用技术主要有制备沼气及沼气发电、生产沼液和沼渣、燃烧产热、废水处理再利用等，适用于大中型规模化养殖场。但能源化利用需要大量的资金投入，且市场机制初步形成还未完善。所以，需要在政府支持下，农企业、政府有关部门协同创新，不断完善。

2. 水产养殖污染控制技术 水产养殖污染控制技术通常分为源头减排技术和尾水净化技术。

（1）源头减排技术。目前，水产饲料蛋白质含量普遍在30%～40%，投喂饲料中有10%～20%未被摄食而直接溶失到水中，饲料氮未被鱼类充分利用。在饲料配合中，要放弃常规的配合模式，降低日粮蛋白质和磷的用量，同时添加商品氨基酸、酶制剂和微生态制剂，可通过营养调控、饲养管理来降低氮、磷和微量元素的排泄量；饲料稳定性差，容易在水中发生溶解、溶胀和溃散，导致饲料不能被水产动物完全食入。在生产水产饲料时，需通过优化饲料配方的原料组成和粉碎粒度，控制调质的温度、时间、水分添加和淀粉的糊化度，控制膨化颗粒饲料的熟化度、颗粒的均匀性、一致性和耐水性，提高饲料在水中的稳定性。根据养殖对象种类、生长发育阶段、养殖方式以及水环境等因素的变化，探讨最佳的投饲率及投饲策略，同时大力研究和推广应用先进的饲料投喂技术，合理调控投饲率与投喂方式，提高饲料的摄食利用率和消化吸收率，降低饲料系数，减少饲料浪费。

养殖过程中残饵、粪便分解产生氨氮、亚硝酸盐等有毒物质，致使水产动物病害频发、药物滥用，养殖业主经常换水造成氮、磷含量高的尾水污染环境。因此，优化养殖结构，原位降解氨氮、亚硝酸盐和有机物等浓度，可减少病害发生和换水量，减少废水排放。常用的池塘养殖原位污染净化技术有微生物制剂水质调控、多营养层次综合养殖、池塘工程化循环水养殖等。微生物制剂水质调控具有成本低、无毒副作用和不污染环境等特点，可有效降低养殖水质中亚硝酸盐、氨氮、硫化氢等浓度，抑制水体中有害微生物繁殖和生长，净化水质。常用种类有光合细菌、芽孢杆菌、硝化细菌、EM菌等。多营养层次综合养殖将不同食性和不同栖息空间的品种按一定比例混养，达到在物质和能量上多层次分级利用，国内主要进行了虾-鱼-贝、虾-蟹-贝、虾-鱼-贝-蟹等多种形式的混养研究和应用，优化了养殖水体的生物群落结构，进一步提高了物质和能量的转化率。为解决传统池塘养殖无法将鱼类粪便及时清除的弊端，许多地区推广应用了池塘工程化循环水养殖。该系统分为两个功能区域：占原有池塘2%～3%面积的养殖系统区域，97%～98%面积为水质净化区，主要功能为水质净化与循环，养殖滤食型鱼类、青虾、贝类和种植水生植物，设置吸污区，及时有效吸除废弃物，实现水资源循环使用和营养物质多级利用，基本上做到水质的稳定及养殖尾水的零排放。

（2）尾水净化技术。养殖尾水中主要含有氮、磷、有机物等，主要采用理化方法来净化处理。常用净化技术包括沉淀法、过滤法、吸附法、生态沟渠、生物滤池、生物塘、人工湿地等技术。沉淀法用来沉淀颗粒较大、自由沉降较快的固体污染物，为防止添加化学药剂带来的二次污染，一般采用自然沉淀法。过滤法是将被处理的废水通过粒状滤料或过滤装置，使水中杂质被截留而得以去除的方法。由于养殖废水中的剩余残饵和养殖生物排泄物等大部分以悬浮态大颗粒形式存在，因此采用过滤技术去除是最为快捷、经济的方法。吸附法是利用水中的一种或多种物质在吸附剂表面或空隙中的附着以达到净化水质的目的，麦饭石、沸石、活性炭及其改性后的材料也逐渐被尝试用于处理水产养殖废水。随着材料技术的发展，已有研究者针对水产养殖废水特点，研制出纳米净水材料，并在实践中取得了良好的效果。生态沟渠、生物滤池、生物塘、人工湿地等技术具有较强的废水净化作用，建设工艺简单，维护和运行成本低，养殖场可因地制宜利用养殖区域内原有的排水渠道、周边河沟或废弃池塘改造而成。根据养殖品种及尾水污染负荷、养殖场地形，可选择生态沟渠、生物滤池、生物塘、人工湿地或组合使用以确定各单元面积。

（三）农村生活方面的技术需求

1. 符合农村生活污水排放特点的技术 农村生活污水排放量与农户收入、卫生设施的健全程度、气候、生活习惯、季节、供水方式等因素有关。与城镇污水相比，农村生活污水具有村落分散、水量小，水质、水量波动大，水量主要集中在早、中、晚 3 个高峰等特点。因此，农村生活污水处理技术及工艺参数选择与城镇污水有一定的差别，不能按简单套用城镇污水处理技术来建设农村污水处理设施。目前，国内的农村生活污水治理项目中采用了多种多样的治理技术，但适应农村生活污水水量小、波动大等特点的管道防堵塞技术、简易除磷技术、节能曝气技术、流量调控技术、滤床配水、防堵塞技术等还存在诸多不足之处，导致设施不能运行不稳定，处理效率低。

2. 符合农村经济发展水平，建设及运行成本低，维护管理简单的技术 农村经济发展水平相对落后，村落较分散，普遍存在建设、运行经费不足，环保专业技术人员及运行管理专业人员缺乏等实际情况。农村迫切需要能够因地制宜利用地势坡度、废弃坑塘等现有条件的技术，以降低建设成本；需要符合农村现有经济发展水平和维护管理水平的、简单、易操作的实用可靠技术。

3. 易于实现有机物、氮、磷资源的循环利用的技术 农村生活污水中氮、磷等污染物也是生产过程中的营养物质。提倡污水的综合利用，不仅可以实现污水的原地消纳，还可以减少污染物的排放。污水经处理达到相关标准后可作为农灌用水或用于绿化、冲洗道路等。农村生活污染控制应立足于源头削减的原则，鼓励污水资源化利用技术及配套设备的研发，从而降低处理难度、减少处理成本、减少污染物向环境的排放量。同时，应关注污水资源化利用过程中的卫生安全问题及对土地长期影响的问题。

4. 体现地区差异的治理模式，能够支撑分类指导的技术 以尾水去向、经济发展水平、环境条件等作为主要考虑因素，根据区域、服务对象、排放特点的不同，因地制宜探索区域农村生活污水处理模式，资源化利用与达标排放相结合、分散处理与集中处理相结合，杜绝“一刀切”的治理模式。环境容量大、偏远地区宜就地简单处理，尾水资源化利用、排放敏感水体时宜采用脱氮除磷工艺，寒冷地区应采用低温适用技术或采取保温措施，山区应充分利用地势高差，采用跌水曝气等经济可行的充氧方式，干旱缺水地区应建立鼓励机制及相关配套设施，引导农村生活污水资源化利用。积极探索地区差异的治理模式，储备一批能够实现分类指导的实用技术。

（四）农业农村管理方面的技术需求

我国关于农业农村管理技术的研究和应用还处于单一管理措施的研究和试点应用的层面，尚未形成系统的农业农村综合管理措施体系和标准化的信息动态监测与管理平台，难以满足我国流域面源污染综合管理及农业清洁小流域构建的管理需求，也落后于国际上应用较多的通过最佳管理措施（BMPs）实现流域综合管理的技术支撑体系，需要在各级政府的支持下，不断推进相关管理技术的研究和应用，并以流域水环境质量的整体改善为目标，构建完善的综合管理技术支撑体系。

发展篇

FAZHANPIAN

中国农业面源污染控制与
治 理 技 术 发 展 报 告
（2020）

第三章　中国农业农村水污染控制与水环境整治技术发展现状

第一节　农业农村水污染控制与水环境整治技术构成

一、技术系统框架

2007年国家启动“水体污染控制与治理”重大科技专项。2007年12月26日，温家宝总理主持召开国务院常务会议，审议通过水专项实施方案。设立湖泊富营养化控制与治理、河流水环境综合整治、城市水污染控制与水环境整治、饮用水安全保障、流域水环境监控预警与综合治理、水环境战略政策与管理六大主题33个项目，以“三河”“三湖”“一江”“一库”为重点研究流域，集成控源治污、生态修复关键技术、突破饮用水水源保护和饮用水安全保障技术，创新流域水质监控、预警技术和政策管理机制。计划投入300多亿元，用13年时间，分3个阶段实施，最终建立适合我国国情的水污染防治监控预警和水污染控制两大技术支撑体系，形成国家水环境综合管理技术平台。

农业面源污染为通过径流过程而汇入受纳水体并引起水体富营养化或其他形式的污染。相对点源污染而言，面源污染主要由地表的土壤泥沙颗粒、氮、磷等营养物质、农药等有害物质、秸秆农膜等固体废弃物、畜禽养殖粪便污水、水产养殖饵料药物、农村生活污水垃圾、各种大气颗粒物沉降等，通过地表径流、土壤侵蚀、农田排水等形式进入水体环境所造成。“十一五”以来，以水专项为支撑，我国在农业面源污染防治方面开展了大量的技术研发与工程示范，取得了较好的进展，产出135项农业面源污染防治方面的技术。农业面源污染防治技术系统按照技术类型可以分为种植业氮、磷全过程控制技术，养殖业污染控制技术，农村生活污水治理技术以及农业农村管理技术4个技术系列。其中，种植业氮、磷全过程控制技术（47项）主要包括氮、磷污染控制通用技术，稻田污染控制技术，麦-玉污染控制技术及菜地果园污染控制技术4类技术；养殖业污染控制技术（39项）主要包括畜禽养殖污染控制通用技术、畜禽养殖污染控制专用技术及水产养殖污染控制技术；农村生活污水治理技术（40项）主要包括收集技术、处理技术、资源化利用技术等类型；农业农村管理技术（9项）主要包括农业生产污染控制管理支撑技术、农村生活污染控制管理支撑技术、农业清洁小流域综合污染控制管理支撑技术。

农业面源污染控制技术集成与应用技术系统拓扑图见图3-1。

二、技术分类构成

（一）种植业氮、磷全过程控制技术构成

种植引发的面源污染主要指因肥料的不合理施用、田间管理行为的实施不当，种植系统中的氮、磷经降水带动进入周边水系，引发水体富营养化的现象。

对种植业而言，不同作物带来了种植地形、肥料管理方式以及对应的氮、磷损失形态、量、途径的显著差异。因此，种植业氮、磷全过程控制技术体系，首先根据种植作物划分为种植业氮、磷污染控制通用技术，稻田污染控制技术，麦-玉污染控制技术和菜地果园污染控制技术4类。其中：

通用技术适用于种植业的多个作物种植类型或单一区域生境中具有多个作物种植类型的综合治理利用。技术着重区域管控，兼容性好且适应性强。

稻田污染控制技术立足于水稻生产过程的用水、用肥特征，具有较强的水田环境氮、磷污染防控指向性。

麦-玉污染控制技术针对麦-玉轮作系统物质与能量高通量进出的循环，技术适用于旱作条件下的集约化大田作物生产。

菜地果园污染控制技术立足于菜地果园田块零散且用肥强度较高的生产特征，并将丘陵地区的地形特点纳入应用范围，对小面积、高强度的种植生产条件具有普遍适用性。

其次，对每个作物种植类型而言，对氮、磷污染的防控可从原位发生区、迁移路径等多个位点实施削减。因此，在每个种植类型下，将技术分为污染物源头削减技术、污染物拦截阻断技术、养分的农田回用技术和全过程技术4类。其中：

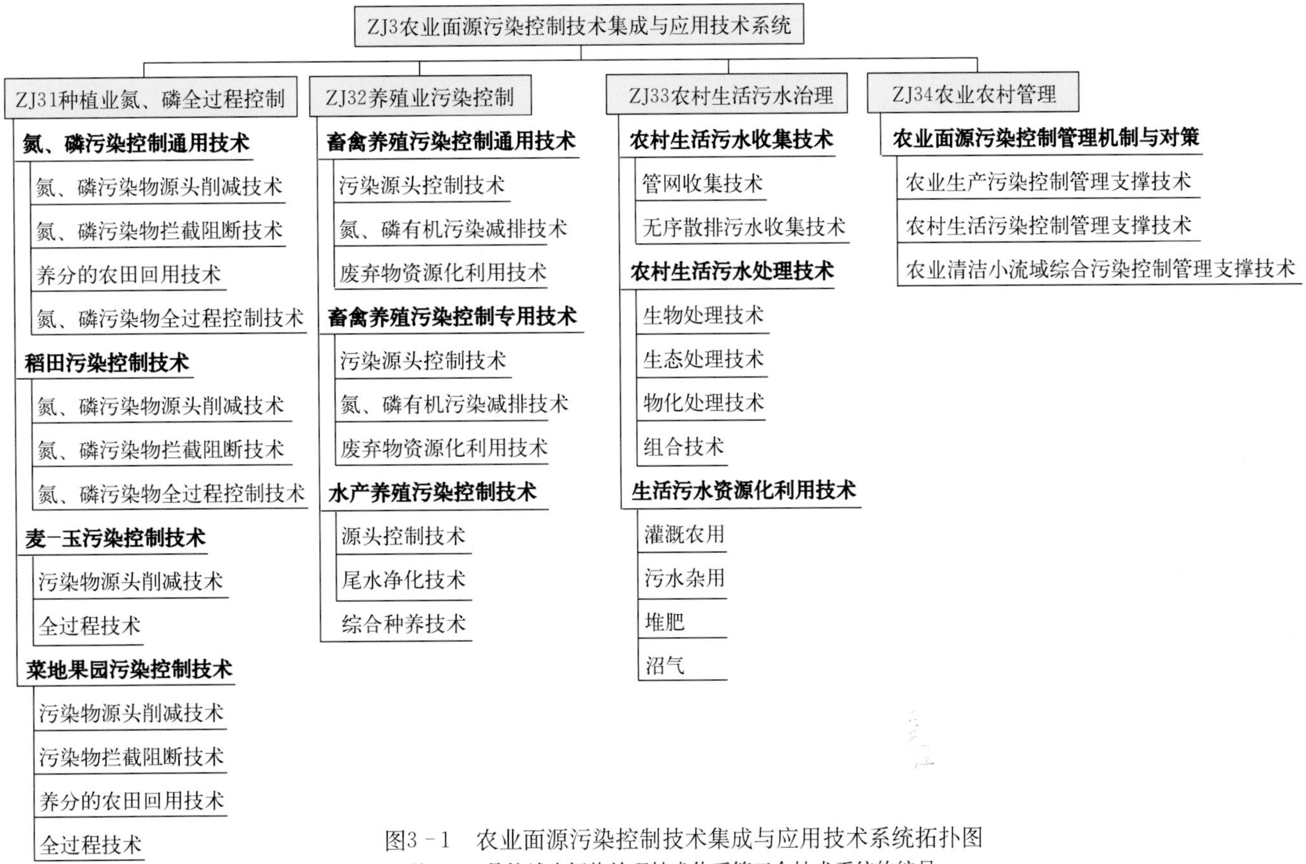

ZJ3农业面源污染控制技术集成与应用技术系统

- ZJ31种植业氮、磷全过程控制
  - **氮、磷污染控制通用技术**
    - 氮、磷污染物源头削减技术
    - 氮、磷污染物拦截阻断技术
    - 养分的农田回用技术
    - 氮、磷污染物全过程控制技术
  - **稻田污染控制技术**
    - 氮、磷污染物源头削减技术
    - 氮、磷污染物拦截阻断技术
    - 氮、磷污染物全过程控制技术
  - **麦-玉污染控制技术**
    - 污染物源头削减技术
    - 全过程技术
  - **菜地果园污染控制技术**
    - 污染物源头削减技术
    - 污染物拦截阻断技术
    - 养分的农田回用技术
    - 全过程技术
- ZJ32养殖业污染控制
  - **畜禽养殖污染控制通用技术**
    - 污染源头控制技术
    - 氮、磷有机污染减排技术
    - 废弃物资源化利用技术
  - **畜禽养殖污染控制专用技术**
    - 污染源头控制技术
    - 氮、磷有机污染减排技术
    - 废弃物资源化利用技术
  - **水产养殖污染控制技术**
    - 源头控制技术
    - 尾水净化技术
    - 综合种养技术
- ZJ33农村生活污水治理
  - **农村生活污水收集技术**
    - 管网收集技术
    - 无序散排污水收集技术
  - **农村生活污水处理技术**
    - 生物处理技术
    - 生态处理技术
    - 物化处理技术
    - 组合技术
  - **生活污水资源化利用技术**
    - 灌溉农用
    - 污水杂用
    - 堆肥
    - 沼气
- ZJ34农业农村管理
  - **农业面源污染控制管理机制与对策**
    - 农业生产污染控制管理支撑技术
    - 农村生活污染控制管理支撑技术
    - 农业清洁小流域综合污染控制管理支撑技术

图3－1　农业面源污染控制技术集成与应用技术系统拓扑图

注：ZJ3是流域水污染治理技术体系第三个技术系统的编号。

污染物源头削减技术，通过在农田区域范围内肥料技术、栽培技术和综合优化技术等技术的应用，实现农业生产方式、方法的调整，提高肥料利用率，降低排出农田氮、磷污染量。

污染物拦截阻断技术，通过在氮、磷污染物由农田向周边水体迁移的过程中生态沟渠净化技术、生态湿地拦截技术、原位阻拦技术、植物篱埂技术、渗滤池管控技术和综合优化技术的应用，利用物理、生物以及工程建设等手段，延长氮、磷污染物在陆域的停留时间，对其进行拦截阻断和强化净化，最大化减少进入水体的氮、磷污染量。

养分的农田回用技术，对作物秸秆、养殖废弃物或具有较高氮、磷含量的农田排水直接或发酵处理后，进行循环利用或多级利用，以达到节约资源、减少污染、增加经济效益目的。

全过程技术，多为集成了源头削减、拦截阻断、养分回用中 2 个或 2 个以上领域的综合性技术，一般以流域为污染控制尺度，对种植业氮、磷物质流进行多方位管控。

基于“十一五”至今的水专项农业面源污染防治成果，种植业共梳理相关技术 47 项，技术体系构成及技术数量如表 3－1 所示。

表 3－1　种植业技术体系构成及技术数量（标识于括号之内）

第二级 技术系列	第三级 技术环节	第四级 关键技术	第五级 支撑技术
2　种植业氮、磷全过程控制技术（47）	1　种植业氮、磷污染控制通用技术（16）ZJ311	1　污染物源头削减技术（2）ZJ3111	1　肥料技术（1）ZJ31111
			2　栽培技术（1）ZJ31112
			3　综合优化技术（0）ZJ31113
		2　污染物拦截阻断技术（7）ZJ3112	1　生态沟渠净化技术（3）ZJ31121
			2　生态湿地拦截技术（1）ZJ31122
			3　原位阻拦技术（0）ZJ31123
			4　植物篱埂技术（2）ZJ31124
			5　渗滤池管控技术（0）ZJ31125
			6　综合优化技术（1）ZJ31126
		3　养分的农田回用技术（3）ZJ3113	1　直接回用技术（0）ZJ31131
			2　间接回用技术（3）ZJ31132
		4　全过程技术（4）ZJ3114	0（4）ZJ31140

（续）

第二级 技术系列	第三级 技术环节	第四级 关键技术	第五级 支撑技术
2　种植业氮、磷全过程控制技术（47）	2　稻田氮、磷污染控制技术（12）ZJ312	1　污染物源头削减技术（6）ZJ3121	1　肥料技术（6）ZJ31211
			2　栽培技术（0）ZJ31212
			3　综合优化技术（0）ZJ31213
		2　污染物拦截阻断技术（4）ZJ3122	1　生态沟渠净化技术（3）ZJ31221
			2　生态湿地拦截技术（0）ZJ31222
			3　原位阻拦技术（0）ZJ31223
			4　植物篱埂技术（0）ZJ31224
			5　渗滤池管控技术（0）ZJ31225
			6　综合优化技术（1）ZJ31226
		3　养分的农田回用技术（0）ZJ3123	1　直接回用技术（0）ZJ31231
			2　间接回用技术（0）ZJ31232
		4　全过程技术（2）ZJ3124	0（2）ZJ31240
	3　麦-玉氮、磷污染控制技术（2）ZJ313	1　污染物源头削减技术（1）ZJ3131	1　肥料技术（1）ZJ31311
			2　栽培技术（0）ZJ31312
			3　综合优化技术（0）ZJ31313
		2　污染物拦截阻断技术（0）ZJ3132	1　生态沟渠净化技术（0）ZJ31321
			2　生态湿地拦截技术（0）ZJ31322
			3　原位阻拦技术（0）ZJ31323
			4　植物篱埂技术（0）ZJ31324
			5　渗滤池管控技术（0）ZJ31325
			6　综合优化技术（0）ZJ31326
		3　养分的农田回用技术（0）ZJ3133	1　直接回用技术（0）ZJ31331
			2　间接回用技术（0）ZJ31332
		4　全过程技术（1）ZJ3134	0（1）ZJ31340
	4　菜地或果园氮、磷污染控制技术（17）ZJ314	1　污染物源头削减技术（8）ZJ3141	1　肥料技术（4）ZJ31411
			2　栽培技术（3）ZJ31412
			3　综合优化技术（1）ZJ31413

（续）

第二级 技术系列	第三级 技术环节	第四级 关键技术	第五级 支撑技术
2 种植业氮、磷全过程控制技术（47）	4 菜地或果园氮、磷污染控制技术（17）ZJ314	2 污染物拦截阻断技术（4）ZJ3142	1 生态沟渠净化技术（1）ZJ31421
			2 生态湿地拦截技术（0）ZJ31422
			3 原位阻拦技术（1）ZJ31423
			4 植物篱埂技术（1）ZJ31424
			5 渗滤池管控技术（1）ZJ31425
			6 综合优化技术（0）ZJ31426
		3 养分的农田回用技术（1）ZJ3143	1 直接回用技术（1）ZJ31431
			2 间接回用技术（0）ZJ31432
		4 全过程技术 ZJ3144（4）	0（4）ZJ31440

（二）养殖业污染控制技术构成

目前，养殖业污染控制技术主要包括畜禽养殖污染控制通用技术、畜禽养殖污染控制专用技术及水产养殖污染控制技术。其中，畜禽养殖污染控制专用技术可以按养殖种类细分为生猪污染控制技术、家禽污染控制技术、肉（奶）牛污染控制技术。

1. 畜禽养殖污染控制技术 根据不同的污染控制方向，每种畜禽养殖污染控制技术又可分为污染源头控制技术，氮、磷有机污染减排技术，废弃物资源化利用技术。

（1）污染源头控制技术。畜禽养殖源头控制是将养殖污染预防战略持续应用于生产全过程，通过采用科学合理的饲料配方、节水型饮水器、清洁的清粪工艺和栏舍冲洗方法等技术，提高资源利用率，减少水污染物产生，改善环境质量，以降低养殖对环境和人类的危害。主要包括饲料优化技术、节水技术、粪污收集技术、粪污固液分离技术、生态养殖技术、抗生素/重金属源头控制技术等。

（2）氮、磷有机污染减排技术。畜禽产生的粪尿中氮、磷排放量不仅与饲料中氮、磷的提供量有关，也与氮、磷的消化利用效率有关。因此，通过营养调控来提高畜禽养殖氮、磷转化利用效率，降低奶牛粪尿中氮、磷的排放，是规模化畜禽养殖氮、磷减排的主要技术手段。同时，畜禽粪污中还存在抗生素、重金属等多类型污染物，其污染控制技术及深度处理措施也是实现氮、磷有机污染减排的重要方面。主要包括粪便无害化技术、污水净化技术、粪污综合处理技术、抗生素/重金属减排技术、粪污生态循环技术等。

（3）废弃物资源化利用技术。该技术主要以沼气和生物天然气、农用有机肥和农村能源为利用方向，通过将废弃物肥料化、能源化、饲料化等技术，解决养殖废弃物的污染问题，从而实现生态环境保护。主要包括肥料化技术、污水（沼液）还田技术、能源化技术以及其他新型利用技术等。

2. 水产养殖污染控制技术 水产养殖污染控制技术可分为源头控制技术、尾水净化技术和综合种养技术。

（1）源头控制技术是加强对投入品的使用和水质的调控管理，推进生态养殖模式，从源头对污染问题进行控制，主要包括化学渔药减量、饲料高效利用、养殖水质调控和清洁养殖模式等技术。

（2）尾水净化技术是通过生态沟渠、沉淀池、曝气生物滤池、生物塘、人工湿地等技术或技术组合对养殖尾水进行净化处理，达到回用或达标排放的要求。

（3）综合种养技术是在稻田、茭田或藕塘进行水产养殖的一种综合农业生产模式，通过水稻、茭白、莲藕等农作物吸收养殖过程中产生的废弃物，减少化肥和农药的使用量。

（三）农村生活污水治理技术构成

农村生活污水指未纳入城镇市政管网及污水处理系统进行收集和处理的农村生活污水。包括农村村落、农家乐、学校等排放的，洗浴、冲厕、洗衣、炊事等活动产生的生活污水。目前，农村生活污水治理技术主要包括收集技术、处理技术、资源化利用技术等类型。

1. 收集技术 通过农村生活污水的收集主要为后续的处理及资源化利用提供保障。农村生活污水收集技术主要包括管网收集技术和无序散排污水收集技术。管网收集技术包括重力管网收集、压力管网收集及负压管网收集技术。重力管网收集是在没有压力的情况下，依靠排水管的倾斜坡度，污水通过重力自流进行输送。压力管网收集是在排水点设置污水提升泵，将污水提升至密闭的压力管道进行输送。负压管网收集是以负压作为驱动力，进行污水的抽吸和输送，一般用于黑水的分质收集。农村生活污水收集技术的选择受地形地势、生活习惯、村落布局、水系条件、道路布局、资源化利用需求等影响。农村生活污水收集应尽量考虑重力收集系统，当无重力自流排水条件或重力流不经济时，也可以采用压力排水收集系统或负压排水收集系统。无序散排污水收集技术主要为初雨明沟拦截技术，主要适用于未修建雨水、污水收集管道的村落的散排生活污水收集。

2. 处理技术 随着我国近些年对农业农村的重视，在农村污水处理技术方面开展了大量的研究和实践。目前，主要采用的技术有生物处理技术、生态处理技术、物化处理技术以及组合技术。

（1）生物处理技术通常包括厌氧、缺氧及好氧处理方法。厌氧生物处理负荷相对较低，停留时间长，占地面积较大，且散发臭味，但无需动力，建设和运行成本较低，维护和管理较方便。因此，在污水量较小、污水类型较简单的农村生活污水处理中应用较为普遍。缺氧处理是在有大量硝酸盐、亚硝酸盐及充足有机物的条件下，通过反硝化细菌实现脱氮的污水处理方法。好氧生物处理负荷相对较高，停留时间较短，占地面积小，内部结构复杂，需动力曝气，建设和运行成本高，维护和管理水平要求高。因此，适合对污水处理效果要求高、有较好管理条件的地区的农村使用。厌氧生物处理主要采用厌氧池、厌氧滤池等技术，缺氧处理通常与好氧处理组合使用。好氧生物处理技术方法主要包括生物转盘法、A/O 接触氧化法、氧化沟法、SBR 法、流动床生物膜法、曝气生物滤池法等。

（2）生态处理技术是在人工强化的自然净化系统中，利用自然生物及土壤渗滤等作用去除水中污染物的污水处理方法。主要包括人工湿地处理、稳定塘处理、土地处理等。

（3）物化处理技术主要包括化学除磷技术及消毒技术，主要在处理标准要求较高的工程中使用，化学除磷的特点是除磷效果好，但污泥量大，维护管理要求高。

（4）随着农村生活污水治理需求的提高，近些年组合技术得到大力推广。主要包括生物-生态组合、生物-物化组合、生态-物化组合等方式，如接触氧化＋经济型人工湿地、接触氧化＋絮凝沉淀、人工快渗＋化学除磷等组合技术。

3. 资源化利用技术 农村生活污水资源化利用主要以尾水、沼气及有机肥的利用为主。通过将农村生活污水及粪污等肥料化、能源化、无害化后进行有益利用，解决农村生活污水的污染问题和有机物、氮、磷资源的回收问题，从而实现生态环境保护。农村生活污水资源化利用技术主要包括污水（沼液）还田技术、有机肥技术、污水杂用技术以及其沼气技术等。农村生活污水由于浓度较低，用于沼气生产时需要黑水、灰水分质收集或与畜禽粪便配合使用。

（四）农业农村管理技术构成

农业农村管理技术主要是农业面源污染控制管理机制与对策，根据技术的不同管理方向又可以细分为农业生产污染控制管理支撑技术、农村生活污染控制管理支撑技术、农业清洁小流域综合污染控制管理支撑技术。

1. 农业生产污染控制管理支撑技术 包括流域农业面源污染监控与评估技术和流域农业面源污染管理决策支持系统，适用于畜禽养殖业和种植业生产过程中面源污染的控制管理。技术着重于支撑农业生产过程中农业面源的监控评估和管理决策。

2. 农村生活污染控制管理支撑技术 主要包括流域农村面源污染监控与评估技术和流域农村面源污染管理决策支持系统，主要适用于农村生活污染的监控评估和管理决策。

3. 农业清洁小流域综合污染控制管理支撑技术 包括流域污染监控与评估技术和流域污染管理决策支持系统，主要用于支撑流域污染的监控评估和管理决策。

第二节 农业农村水污染控制与水环境整治技术状况

一、技术发展历程

在种植业氮、磷全过程控制方面，国内外开展了源头控制、过程阻断和末端回用等技术探索和工程应用，并实现污染物排放的减量化及进入水体负荷的削减。其中，栽培和添加剂是国内外在源头削减领域的技术集中度较高的方向；同时，国外对耕作技术保持较高关注度而国内则十分重视肥料运筹的把控，这一差异主要来源于我国的肥料施用现况，相关的研究自“十一五”起不断增加，而相关灌溉的技术则在“十二五”之后不断得到重视。在过程拦截技术方面，生态沟渠是国内外共同关注的技术方向；同时，国外对植物篱的关注度也较高。国内对过程拦截领域技术的关注略显欠缺，生态沟渠和植物篱方向主要始于“十一五”期间，而湿地方向则主要出现在“十二五”后。在养分回用技术领域，国内外几乎所有技术都集中在秸秆和植物残体回用方向，国内外对粪肥沼液回用也有所关注，而对废/尾水回用的关注主要出现在近5年。

在养殖业污染控制方面，国内外主要围绕源头控制、过程减排等环节来实现养殖污染负荷削减和养殖粪污高效资源化利用。从研究关注度演变来看，污染源头控制技术和污染减排技术在“十一五”期间就有较高的关注度，特别是COD、总氮、总磷等污染减排技术在近年来的研究持续增加；国外学者对废弃物资源化利用技术的研究关注度逐年走高，近5年的相关研究占到了养殖污染控制研究的一半以上。具体来看，粪肥、沼气是贯穿国内外污染源头控制技术整个发展历程的研究重点；同时，国外的关注热点还包括堆肥、氮、土壤、厌氧发酵、猪场废水，以及氨气、厌氧发酵；国内的关注热点是堆肥、土壤、磷，以及厌氧发酵、猪场废水。在养殖污染控制的源头控制技术方向中，国外对养殖过程中臭气、温室气体等污染问题更加关注，而国内在早期更关注饲料中的营养含量等；在现阶段，硝酸盐的污染成为共同的关注点。在污染减排技术方向中，国内外对养殖过程中的抗生素、氮、磷污染等的关注都非常高，国外对于温室气体的关注早于国内5～10年。另外，重金属含量、肥料的品质、作物的产量等是国内关注的方向，而国外对臭味问题、温室气体的研究更多。

在农村生活污水治理技术方面，国外关注点主要集中在根据处理目的的不同采用组合式结构、任意拼装等方向，国内关注的是生态技术（湿地、氧化塘）、组合技术（生物+生态）等方向，低成本的农用灌溉和污水杂用是资源化利用方面的研究热点。

在农业农村管理方面，“十五”期间，国内主要关注滇池和水环境，而国外主要关注水污染和流域管理；“十一五”期间，国内比较关注水环境、关键源区和水体富营养化，而国外则比较关注流域管理和最佳管理措施；在“十二五”期间，国内外都比较关注水体富营养化。支撑技术方面，“十五”期间，国内主要关注GIS和污染评价，而国外主要关注水质和模型；“十一五”期间，国内除了继续关注污染评价外，还比较关注小流域和风险评价，而国外则比较关注GIS；“十二五”期间，国内比较关注SWAT，而国外除了关注SWAT外，还比较关注氮、磷等营养成分。

（一）种植业氮、磷全过程控制技术发展历程

自水专项立项以来，在专项总体技术路线的指引下，围绕不同阶段的攻关目标，确立了种植业面源污染防控的分阶段目标，即在“十一五”期间开展了以源头控制为主的技术研发与示范，以源头防控为主要抓手，结合过程和回用环节，实现肥料（氮、磷）投入与污染物排放的减量化。在“十二五”期间围绕技术的应用与规模化工程示范进行了探索，提出了种植业面源污染的源头减量与过程阻断的控制策略，实现了污染物排放的减量化及入水体负荷的削减。在“十三五”期间则在减量与拦截阻断的基础上，提出了排放污染物（氮、磷）的农田回用与水生态修复的系统解决方案，集成了种植业面源污染防控的“源头减量-过程阻断-养分回用-生态修复”技术体系，并开展了技术的集成与大规模的工程应用，力求在保证农作物产量的同时，减少种植业面源污染的排放及入水体的污染负荷，实现既保证作物产量又达到资源高效利用，同时改善

水质的多重目标。

国内外种植业面源污染防控技术发展历程如图 3-2 所示。“栽培技术”和“添加剂”是国外和我国在源头削减领域的技术集中度较高的方向。此外，全球范围对“耕作方式”保持较高关注度而中国则十分重视“肥料优化”运筹的把控，这一差异主要来源于我国的肥料施用现况。从时间分段来看，我国源头削减领域栽培和添加剂技术方向的研究自“十五”时已有不少，而主攻“肥料优化”方向的研究主要兴起于“十一五”期间，大量发文出现于“十二五”或此后的时段，且热度持续增加；“灌溉方式”技术则在“十一五”后不断得到重视。“生态沟渠”是国外和我国在过程拦截领域关注度的技术方向。此外，全球尺度对“植物篱”的关注度也较高。我国对过程拦截领域技术的关注略显欠缺，“生态沟渠”和“植物篱”技术方向主要始于“十一五”期间，而“湿地净化”技术方向则主要出现在“十二五”后。同样的关注度高度集中还发现在养分回用技术领域。该领域几乎所有技术都集中在秸秆和植物残体回用方向。全球范围对粪肥沼液回用也有所关注，而对废/尾水回用的关注主要出现在近 5 年。

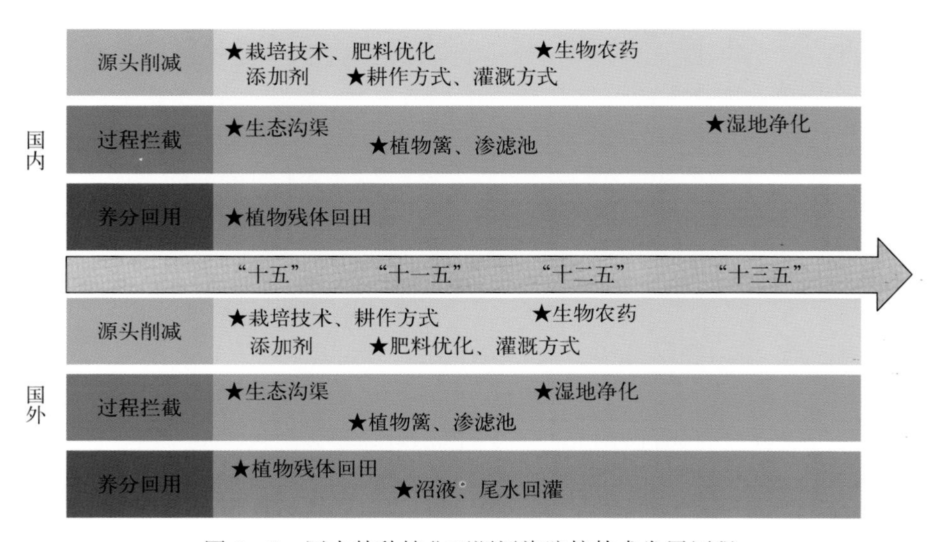

图 3-2　国内外种植业面源污染防控技术发展历程

（二）养殖业污染控制技术发展历程

1. 生猪污染控制技术研究发展历程分析　根据 1999—2003 年、2004—2008 年、2009—2013 年、2014 年至今 4 个年度发展阶段中，各技术应用方向文献包含的高频关键词出现的多少，分析生猪污染控制技术在各个阶段国内外研究关注度及其演变过程。

（1）在国内，生猪污染控制技术研究重点演变过程主要特征为：

从 3 个技术来看，污染源头控制技术得到的研究关注度最低，各年段占比均不足 10%。污染减排技术和废弃物资源化利用技术得到的研究关注度相对较高，各年段占比均在 50%上下浮动。

从研究关注度演变来看，污染源头控制技术和废弃物资源化利用技术在 1999—2003 年热度较高，2004—2008 年、2009—2013 年有所下降，2014 年至今有所回升。污染减排技术在 2004—2008 年得到国内学者的关注度最高，之后呈逐年段递减趋势。

从高频词演变来看，猪场废水是贯穿污染源头控制技术 4 个年段的研究热点，不同的有 1999—2003 年的猪场、活性污泥，2004—2008 年的猪场、废水处理、畜禽粪便等，2009—2013 年、2014 年至今的关注内容较为一致，主要有发酵床、垫料；猪粪、猪场废水是贯穿污染减排技术 4 个年段的研究热点，不同的有 1999—2003 年的废水处理、堆肥，2004—2008 年的猪场、重金属，2009—2013 年的厌氧发酵、堆肥，2014 年至今的重金属、堆肥；猪粪、堆肥、有机物料是贯穿废弃物资源化利用技术 4 个年段的研究热点，不同的有 1999—2003 年的腐熟度、沼气，2004—2008 年的土壤、长期施肥，2009—2013 年的沼液、沼气，2014 年至今的沼液、厌氧发酵。

（2）在国外，生猪污染控制技术研究重点演变过程主要特征为：

从 3 个技术来看，污染源头控制技术得到的研究关注度最低，各年段占比均不足 20%。废弃物资源化利用技术得到的研究关注度最高，各年段占比在 50%上下浮动。

从研究关注度演变来看，污染源头控制技术和污染减排技术在 1999—2003 年热度较高，之后有所下降，其中污染减排技术在 2014 年至今有所回升；国外学者对废弃物资源化利用技术的研究热情逐年段走高，从 1999—2003 年的 45.21%上升到 2014 年至今的 52.7%。

从高频词演变来看，污染源头控制技术的研究重点演变特征是：1999—2003 年的厌氧发酵、粪肥、沼气，2004—2008 年的粪肥、堆肥、磷，2009—2013 年的堆肥、厌氧发酵、粪肥，2014 年至今的沼气、厌氧发酵、猪场废水；粪肥、沼气是贯穿污染减排技术 4 个年段的研究重点，不同的有 1999—2003 年的堆肥、氮，2004—2008 年的堆肥、土壤，2009—2013 年的厌氧发酵、猪场废水，2014 年至今的氨气、厌氧发酵；粪肥、沼气是贯穿废弃物资源化利用技术 4 个年段的研究重点，不同的有 1999—2003 年的堆肥、土壤，2004—

2008 年的堆肥、磷，2009—2013 年的堆肥、土壤，2014 年至今的厌氧发酵、猪场废水。

通过对国内外研究关注度比较分析发现，在生猪养殖污染控制的源头控制技术方向中，国外对养殖过程中臭气、温室气体等污染问题更加关注，而国内在早期更关注饲料中的营养含量等；在现阶段，硝酸盐的污染成为共同的关注点。

在生猪养殖污染控制的污染减排技术方向中，国内外对养殖过程中的抗生素、氮、磷污染等的关注都非常高，国外对于温室气体的关注早于国内 5～10 年。另外，重金属含量、肥料的品质、施肥效果等是国内关注的方向，而国外对臭味问题、温室气体的研究更多。

2. 家禽污染控制技术研究发展历程分析 根据 1999—2003 年、2004—2008 年、2009—2013 年、2014 年至今 4 个年度发展阶段中，各技术应用方向文献包含的高频关键词出现的多少，分析家禽污染控制技术在各个阶段研究关注度及其演变过程。

（1）在国内，家禽污染控制技术研究重点演变过程主要特征为：

从 3 个技术来看，污染源头控制技术得到的研究关注度最低，各年段占比在 5%上下浮动。污染减排技术和废弃物资源化利用技术得到的研究关注度相对较高，各年段占比均在 50%上下浮动。

从研究关注度演变来看，国内研究的技术单元的发展历程为：污染源头控制技术和废弃物资源化利用技术虽有升有降，但在 4 个年段受到的关注度整体呈走高趋势；污染减排技术则相反，在 4 个年段得到的关注度整体呈下降趋势。

从高频词演变来看，污染源头控制技术在 1999—2003 年、2004—2008 年的文献分布很少，词频都为 1，不作展开分析。2009—2013 年的研究重点有发酵床、鸡粪，2014 年至今的研究重点有肉鸡、饲养方式等；污染减排技术各年段的研究重点较为分散，有 1999—2003 年的鸡粪、发酵、畜禽粪便，2004—2008 年的畜禽粪便、堆肥、重金属，2009—2013 年的鸡粪、堆肥、发酵，2014 年至今的堆肥、重金属、鸡粪；资源化利用 4 个年段的研究重点较为一致，主要有堆肥、有机物料、鸡粪/畜禽粪。

（2）在国外，家禽污染控制技术研究重点演变过程主要特征为：

从 3 个技术来看，污染源头控制技术得到的研究关注度相对较低，各年段占比均不足 25%，废弃物资源化利用技术得到的研究关注度最高，各年段占比均在 50%以上，污染减排技术的研究关注度介于污染源头控制技术和废弃物资源化利用技术之间。

从研究关注度演变来看，国外研究的技术单元的发展历程为：污染源头控制技术在1999—2003年热度较高，之后整体呈逐年段递减趋势；污染减排技术在2004—2008年得到国外学者的关注度最低，之后呈逐年段递增趋势；废弃物资源化利用技术在2004—2008年得到的关注度最高，之后有所下降。

从高频词演变来看，粪肥是贯穿污染源头控制技术4个年段的研究热点，不同的有1999—2003年的磷、厌氧发酵，2004—2008年的氮、厌氧发酵，2009—2013年的氮、土壤，以及2014年至今的厌氧发酵、硝酸盐等；粪肥是贯穿污染减排技术4个年段的研究热点，不同的有1999—2003年和2014年至今的氨、氮，2004—2008年的厌氧发酵、氨，2009—2013年的磷、猪场废水；粪肥、氮是贯穿废弃物资源化利用技术4个年段的研究热点，不同的有1999—2003年的土壤、堆肥、氨，2004—2008年的厌氧发酵、氨、硝酸盐，2009—2013年的堆肥、磷、土壤，2014年至今的厌氧发酵、磷、土壤。

通过对国内外研究关注度比较分析发现，在家禽养殖污染控制的源头控制技术方向中，国外对养殖过程中臭气、温室气体等污染问题更加关注，而国内在早期更关注饲料中的营养含量等；在现阶段，硝酸盐的污染成为共同的关注点。

在家禽养殖污染控制的污染减排技术方向中，国内外对养殖过程中的抗生素、氮、磷污染等的关注都非常高，国外对于温室气体的关注早于国内5～10年。

在家禽养殖污染控制的资源化利用技术方向中，重金属含量、肥料的品质、作物的产量等是国内关注的方向，而国外对臭味问题、温室气体的研究更多。

3. 肉（奶）牛污染控制技术研究发展历程分析 根据1999—2003年、2004—2008年、2009—2013年、2014年至今4个年度发展阶段中，各技术应用方向文献包含的高频关键词出现的多少，分析肉（奶）牛污染控制技术在各个阶段研究关注度及其演变过程。

（1）在国内，肉（奶）牛污染控制技术研究重点演变过程主要特征为：

从3个技术来看，污染源头控制技术得到的研究关注度最低，各年段占比均不足10%。废弃物资源化利用技术得到的研究关注度最高，各年段占比均超过50%。污染减排技术的研究关注度介于污染源头控制技术和废弃物资源化利用技术之间。

从研究关注度演变来看，国内研究的技术单元的发展历程为：污染源头控制技术各年段在较低的研究热度下呈小幅波动，均未有大的突破；污染减排技术整体呈逐年段递减趋势，废弃物资源化利用技术则呈逐年段递增趋势。

从高频词演变来看，污染源头控制技术4个年段的研究热点分别为：1999—2003年主要关注的是抗生素污染问题等；2004—2008年增加了对养殖废水的污染问题的关注；2009—2013年关注碳源的差异性问题；2014年至今氧化亚氮等温室气体的污染成为新的关注点。污染减排技术方向中，1999—2003年主要关注的是抗生素污染问题等；2004—2008年新增了氮、磷、臭气及砷的污染问题，同时秸秆的污染也被提上日程；2009—2013年有关养殖中的硝酸盐排放问题逐渐得到了较高的关注；2014年至今氨氮、二氧化碳以及重金属等污染报道逐渐增多。资源化利用技术方向中，1999—2003年主要关注的是氮、磷的污染问题；2004—2008年、2009—2013年对重金属、秸秆等的报道增多；2014年至今长期施肥导致的问题报道逐渐增多。

（2）在国外，肉（奶）牛污染控制技术研究重点演变过程主要特征为：

从3个技术来看，污染源头控制技术得到的研究关注度相对较低，各年段占比均在10%～15%浮动。废弃物资源化利用技术得到的研究关注度最高，各年段占比均超过50%。污染减排技术得到的研究关注度介于污染源头控制技术和废弃物资源化利用技术之间。

从研究关注度演变来看，污染源头控制技术的研究热度整体呈逐年上升趋势；污染减排技术在2004—2008年得到国外学者的关注度最高，之后有所下降；废弃物资源化利用技术在2004—2008年得到国外学者的关注度相对较低，在2009—2013年得到的关注度最高。

从高频词演变来看，污染源头控制技术4个年段的研究热点分别为：1999—2003年主要关注的问题是氨氮、温室气体等；2004—2008年增加了对养殖过程中氮、磷、臭气、砷、秸秆等污染问题的关注；2009—2013年开始关注硝酸盐等污染问题；2014年至今新增了重金属等污染物的研究。污染减排技术方向中，1999—2003年主要关注的问题是重金属及温室气体；2004—2008年新增了抗生素等污染物质；2009—2013年、2014年至今有关硝酸盐的污染问题逐渐得到了较高的关注。资源化利用技术方向中，氧化亚氮、大肠杆菌、硝酸盐以及尿液、温室气体等一直是资源化利用方向关注的热点；自2004年开始，抗生素、重金属成为热点；自2009年以来，秸秆、有机质等问题的关注度不断提升。

通过对国内外研究关注度比较分析发现，在肉（奶）牛养殖污染控制的源头控制技术方向中，国外对养殖过程中臭气、温室气体、硝酸盐等污染问题更加关注，早于国内 5～10 年。在肉（奶）牛养殖污染控制的污染减排技术方向中，国外对养殖过程中臭气、温室气体、硝酸盐等污染问题更加关注，早于国内 5～10 年。在肉（奶）牛养殖污染控制的资源化利用技术方向中，国外对养殖过程中臭气、温室气体、硝酸盐等污染问题更加关注，早于国内 5～10 年。

4. 水产养殖污染控制技术研究发展历程分析 1999—2003 年、2004—2008 年、2009—2013 年、2014 年至今 4 个年度发展阶段中，国内水产养殖污染控制技术分年段研究重点演变过程主要有以下特征：源头控制技术的研究关注度相对较低，各年段占比基本在 50%以内。国外分年段研究重点演变过程主要有以下特征：源头控制技术得到的研究关注度远高于达标排放/回用技术，各年段占比均在 60%以上。

从研究关注度演变来看，国内源头控制技术在 1999—2003 年的研究关注度相对较低，在 2004—2008 年到达低谷，随后的 2009—2013 年、2014 年至今热度呈现逐年段上升，2014 年至今热度反超了达标排放/回用技术。国外源头控制技术呈逐年段递增趋势，对应地，国外达标排放/回用技术呈逐年段递减趋势。

从高频词演变来看，国内源头控制技术 4 个年段的研究热点分别为：1999—2003 年的综合养殖、水质，2004—2008 年的微生态制剂，2009—2013 年、2014 年至今的关注内容较为一致，主要有循环水养殖系统、水质；水质净化是贯穿达标排放/回用技术 4 个年段的研究热点，其他研究热点也较为集中，主要有废水处理、废水；不同的有 1999—2003 年的水质，2004—2008 年、2009—2013 年和 2014 年至今的人工湿地。国外研究中，磷是贯穿源头控制技术 4 个年段的研究热点，不同的有 1999—2003 年的重金属、抗生素，2004—2008 年的抗生素、营养物，2009—2013 年的氨、再循环水产养殖系统以及 2014 年至今的氨、营养物；达标排放/回用技术 4 个年段的研究热点主要有 1999—2003 年的环境、污水污泥、排放、有机物质，2004—2008 年、2009—2013 年、2014 年至今，研究者均对氨和污水污泥表现出研究兴趣，不同的研究热点还有 2004—2008 年的磷、2009—2013 年的排放以及 2014 年至今的磷、细菌。通过对国内外研究关注度比较分析发现，在水产养殖污染控制的源头减量技术方向中，国外对水培技术和循环水养殖比较关注，早于国内 5～10 年，而国内更加关注多营养级综合养殖、微生态制剂、循环水养殖、稻田综合种养。在尾水治理方面，国外对生物降解和人工湿地较为关注，而国内对人工湿地、生态塘、生态沟、生物浮床等技术较为关注。

（三）农村生活污水治理技术发展历程

根据1999—2003年、2004—2008年、2009—2013年、2014年至今4个年度发展阶段中，各技术应用方向文献包含的高频关键词出现的多少，分析农村生活污水治理技术在各个阶段国内外研究关注度及其演变过程。

（1）在国内，农村生活污水治理技术研究重点演变过程主要特征如下：

从3个技术方向来看，处理技术得到的研究关注度最高，各年段占比均在74%以上；资源化利用技术和收集技术得到的研究关注度相对较低，其中资源化利用技术各年段占比均小于26%，收集技术各年段占比均小于8%。

从研究关注度演变来看，处理技术在1999—2003年、2004—2008年、2009—2013年前3个年段受到的关注度不断提高，在2009—2013年占比已经达到91.93%，但随后热度略有下降；资源化利用技术受到国内学者的关注逐年段递减，占比由1999—2003年的25.45%下降至2014年至今的2.80%；这一现象与国内资源化利用配套设施与激励机制不完善、一段时间部分地方政府过度追求农村生活污水达标排放有关。随着国家出台一系列鼓励农村生活污水资源化利用的文件并采取相关对策，预计这一现象会得到一定改善。收集技术则波动较为明显，在2004—2008年和2014年至今两个年段得到的关注度相对较高。

从高频词演变来看，人工湿地是贯穿处理技术4个年段的研究热点，不同的有1999—2003年的面源污染，2004—2008年的厌氧、稳定塘、沼气，2009—2013年的分散处理、厌氧、处理工艺，以及2014年至今的分散处理、处理工艺、污水处理设施；污水回用是贯穿资源化利用技术4个年段的研究热点，不同的有1999—2003年的废水综合利用，2004—2008年的资源化利用、废水综合利用，2009—2013年的资源化利用、人工湿地，2014年至今的人工湿地、脱氮除磷；管网、净化槽、分散处理是贯穿收集技术1999—2003年、2004—2008年和2014年至今3个年段的研究热点，2009—2013年增加了人工湿地、污水收集作为研究热点；2014年至今增加了污水收集、排水系统作为研究热点。

（2）在国外，农村生活污水治理技术研究重点演变过程主要特征如下：

从3个技术方向来看，处理技术得到的研究关注度最高，各年段占比均在53%以上；其次为资源化利用技术，各年段占比均为26%～40%；收集得到的研究关注度则较低，各年段占比均小于13%。

从研究关注度演变来看，处理技术在2004—2008年受到的关注度最高，达到65.65%，随后在2009—2013年和2014年至今关注度开始下降；资源化利用技术受到国外学者的关注度逐年段上升，占比由 1999—2003 年的 26.92%上升至 2014 年至今的 40.00%；收集技术在 1999—2003 年得到关注较多，占比 12.82%，随后热度下降，在 2014 年至今又有所回升。

从高频词演变来看，人工湿地、植物、污水回用、营养物去除、污水生物处理是贯穿处理技术 4 个年段的研究热点，不同的有 1999—2003 年的旋转生物接触器、微生物，2004—2008 的污泥，2009—2013 年的磷、生态处理系统、氮，2014 年至今的可持续性、微生物。废水再利用、人工湿地是贯穿资源化利用技术 4 个年段的研究热点，不同的有 1999—2003 年的营养物去除、生物废水处理、稳定塘，2004—2008 年的植物、农村地区、污水，2009—2013 年的灰水、灌溉，2014 年至今的污泥、营养盐去除、微生物；收集技术 4 个年段的研究热点中均出现了农村地区、集群系统，不同的有 1999—2003 年的黑水、分散化、污水回用，2009—2013 年的分散化，2014 年至今的人工湿地。

综上所述，在收集技术方面，技术稳定性、经济性这两个功效是研发关注点。收集处理一体化技术除上述两个方向外，提高技术的高效集约与资源化利用是其研发的热点方向。另外，如何提升负压收集技术的自动化程度也受到关注。

在处理技术方面，从国内外研究对比来看，国外关注点主要集中在“根据处理目的的不同采用组合式结构、任意拼装”“湿地配水系统创新”“曝气系统、气提装置优化、降低臭气”等方向，且近 20 年来持续有相关研究。另外，“优化消毒方法（利用藻类）”是近 5 年出现的研究方向。国内关于该领域最早的研究方向是“生物法（接触氧化法、活性污泥、生物转盘）”，但该方向在 2008 年以后研究量骤减，随后出现的是“生态技术（湿地、氧化塘）”“组合技术（生物+生态）”“A/O 接触氧化”等，“生态技术（人工快渗）”和“组合技术（生物+生态）”是近 5 年才大量出现的研究方向。农村污水的治理随着研究的深入已取得很大的成效，未来在选择处理方式时，生化+生态处理以及在此基础上的改良和高效的组合技术将成为农村生活污水处理的主要发展趋势。

在资源化利用技术方面，未来农村生活污水资源化利用技术的布局重点是低成本的农用灌溉和污水杂用技术。此外，沼气技术也是研究的重要方向。其中，如何提高沼气纯度和产气量是其重点研发方向之一。

（四）农业农村管理技术发展历程

通过收集整理近 20 年国内外在农业生产污染、农村生活污染以及流域污染 3 个领域所制定的污染治理相关管理政策文献，从制度体系和支撑技术 2 个角度对国内外管理政策演变过程进行分析，了解3个领域的关注度情况、当前及过去的农业农村管理政策热点变化情况，系统梳理当下农业生产污染、农村生活污染和流域污染治理管理政策体系，为今后的污染治理做一个政策层面的参考。

1. 三大领域研究关注度演变历程 通过文献调研分析可知，国内外研究关注度占比最高的都是生产污染领域。但不同的是，国内生活污染领域相比流域污染领域得到了更多的关注和研究，而国外的学者更偏向于研究流域污染。

农业生产污染、农村生活污染和流域污染3个领域的国内发文总量呈现出持续上升的良好趋势：在1999—2003年，生产污染发文占比绝对值最大，但比值一直在下降，流域污染较生活污染领域发文增长更快；2004—2008年，生产污染领域发文贡献率维持在68.22%～74.29%，生活污染发文占比率呈波动上升，流域污染发文占比率呈下降趋势；2009—2013年，生产污染领域发文贡献率在该阶段保持稳定，60%～70%，流域污染领域的增幅是3个领域之首；2014年至今，流域污染领域的发文占比趋于稳定，生产污染领域占比有略微上升，抢占了部分生活污染领域的发文贡献度。

与国内研究情况相比，可知农业生产污染、农村生活污染和流域污染3个领域的国外研究起步时间更早，同时期的研究成果也更为丰富。1999—2011年，国外发文数量大体上保持着上升的发展趋势；2011年至今，国外发文增长速度较上一阶段明显放缓，研究成果数基本趋于平稳状态。国外文献中的各领域发文占比与国内情况相比，各领域文献的占比更为稳定，增减幅度更小：20年来，生产污染领域的贡献度均在64.47%（2018年）以上，最高值不超过74%。波动最大的年份是2000年，且近2年来发文占比下降明显。生活污染领域的发文贡献度的最高值出现在2007年，比例为10.26%。流域污染领域的发文占比一直在20%～27%，较为稳定，无明显起伏。

2. 制度政策与支撑技术研究关注度演变历程 在农业生产污染领域，“十五”期间，国内对制度体系的研究保持较高的关注度，而国外则对支撑技术的研究保持着较高的关注度。从“十一五”开始，国内对制度体系的关注逐渐减少，发文占比在逐阶段下降，说明国内从“十一五”开始重视从支撑技术层面寻求解决农业生产污染；相反，国外从“十五”到“十三五”期间，制度政策和支撑政策的发文占比基本保持稳定，制度政策仅为支撑政策的一半左右，说明国外一直很重视支撑技术的研究。值得注意的是，国内对制度体系的关注热度下降趋势在“十二五”期间得到减缓，“十二五”期间仅比“十一五”期间下降了2.19%，说明在这段时间内国内也试图寻求从制度体系层面去解决污染问题。

在农村生活污染领域，“十五”和“十一五”期间国内和国外在制度政策、支撑技术2个领域发文占比基本相同，同时保持着同样的增速。但是，在“十二五”期间，国内在制度政策发文占比上继续保持着较高增速；回看国外发文情况，“十二五”期间制度政策发文占比有所下降，甚至达到了最低值28.75%。

在流域污染领域，国内和国外都较为重视支撑技术的研究，从“十五”到“十二五”期间，一直都是支撑技术的发文占比远高于制度政策。但是，国内外也有不同点，国内制度政策的发文占比基本呈下降趋势，在“十二五”期间略有回升；而国外制度政策的发文占比略有上升，支撑政策的发文占比略有下降。

3. 制度政策与支撑技术关注热点演变历程 在农业生产污染领域，制度政策方面，“十五”期间国内主要关注畜禽污染和可持续发展，而国外主要关注氮、磷等面源污染和可持续发展，共同点都是较多地关注了可持续发展；“十一五”期间，国内除了关注畜禽污染，还比较关注氮、磷等面源污染，而国外除了继续关注氮、磷等面源污染外，也比较关注重金属等土壤污染；“十二五”期间，国内新的关注热点为生态补偿，而国外新的关注热点为地下水和灌溉。支撑技术方面，“十五”期间国内主要关注GIS和监测，而国外主要关注水质和模型；“十一五”和“十二五”期间，国内除了关注GIS外，还比较关注污染评价和风险评价，而国外除了继续关注水质和模型外，也比较关注氮、磷、土壤、硝酸盐和GIS。

在农村生活污染领域，制度政策方面，“十五”期间国内主要关注农村生活污水，而国外主要关注再循环系统和脱氮除磷；“十一五”期间，国内除了关注农村生活污水以外，还比较关注农村生活垃圾，而国外则比较关注废水回收；“十二五”期间，国内外都比较关注人工湿地。支撑技术方面，“十五”期间，国内主要关注农村生活污水，而国外主要关注农村地区；“十一五”期间，国内除了关注农村生活污水外，还比较关注人工湿地和稳定塘，而国外则比较关注废水处理、生活污水和人工湿地；“十二五”期间，国内比较关注新农村建设和农村生活垃圾，而国外则比较关注营养成分和废水回收。

在流域污染领域，制度政策方面，“十五”期间国内主要关注滇池和水环境，而国外主要关注水污染和流域管理；“十一五”期间，国内比较关注水环境、关键源区和水体富营养化，而国外则比较关注流域管理和最佳管理措施；“十二五”期间，国内外都比较关注水体富营养化。支撑技术方面，“十五”期间，国内主要关注 GIS 和污染评价，而国外主要关注水质和模型；“十一五”期间，国内除了继续关注污染评价外，还比较关注小流域和风险评价，而国外则比较关注 GIS；“十二五”期间，国内比较关注 SWAT，而国外除了关注 SWAT 外，还比较关注氮、磷等营养成分。

二、技术发展现状

（一）种植业氮、磷全过程控制技术发展现状

1. 污染物源头削减技术发展现状分析 氮、磷污染源头削减技术是种植业面源污染防控技术的核心内容，也是从“十一五”开始进行种植业面源污染管控的主要抓手。结合水专项关键技术及相关文献内容，种植业面源污染防控技术可主要划分为栽培优化、肥料运筹、添加剂使用、灌溉管理和耕作调整 5 个方向。由于肥料投入作为氮、磷污染的物质来源，肥料种类、肥料施用量、施用方式对肥料中氮、磷的流失风险起到了至关重要作用。现有肥料优化技术包括新型缓控释肥替代减量、有机肥部分替代、追肥采用叶色或光谱诊断按需施肥技术等。这类技术立足于实际生产需求，借力于种植业规模化经营条件下的农业机械，通过选择适宜肥料种类、适时适量施用的途径，有效提升肥料的利用效率，实现促生产、提地力、护环境的多方面要求。“十三五”开年之际，《农业部关于打好农业面源污染防治攻坚战的实施意见》将实现“一控两减三基本”目标定为 2020 年必须实现的目标。其中，“两减”是指化肥、农药减量使用。上述肥料运筹中减少肥料施用量、提升肥料利用效率的相关内容呼应了文件中的“两减”需求。而“一控”是指控制农业用水总量和农业水环境污染。因此，2019 年有关灌溉管理的研究数量不断上升。水分流动是种植业氮、磷流失的主要驱动力。发生降水时以及发生降水后的一定时段，是防控氮、磷流失的关键时期。结合气象预警、智能化控制灌溉，在减少农业用水量的同时，可大幅度降低氮、磷流失风险。此外，添加剂使用主要借助非养分类物质对氮、磷转运的影响，延长土壤环境中具有作物吸收偏好的某种养分形态的停留时间，或增加土壤养分库容，或提升土壤微生物多样性，以此降低流失风险。相关添加物一般专性于特种作物或肥料，对应操作要求也较高，依赖于科学技术对农业生产的大力支撑，是今后污染物源头削减技术的一个发展方向。

2. 污染物拦截阻断技术现状分析 污染物拦截阻断技术是在氮、磷迁移过程中实现径流拦截的重要手段。该技术涉及生态沟渠、原位促沉池、植物篱、渗滤池等多个组成构件，种植区的地形、排水管路、汇水距离等条件均是污染物拦截阻断中构件的选择依据。对于具有明确排水管路的种植区，生态沟

渠是不额外占用耕地、资金投入少的优先选择。通过将原有的土质沟渠塘进行生态强化或者对原有的水泥沟渠进行生态化改造，沟渠和沟壁种植高效吸收氮、磷的植物，并间隔配置小拦截坝和拦截箱等延长水的停留时间，即可对农田径流中的氮、磷实现有效吸附。而原位促沉池，主要针对暴雨引发的初期径流，是应对农田径流中悬浮物的有效构件，一般临近农田排水口进行安装，可快速、高效地实现悬浮物沉降和氮、磷拦截。此外，我国对坡耕地径流管控的起步较晚，这方面的成熟技术产出略显欠缺。植物篱是较为传统的水土保持措施，通过构建连续的狭窄带状植物群，起到分散地表径流、降低流速、沉降颗粒物、增加入渗等多种功能。将植物篱的拦截作用应用于坡耕地径流拦截，是现阶段西南山区果园系统推行的氮、磷过程拦截手段。污染物拦截阻断技术是继氮、磷污染源头削减技术后，在沿程迁移上实现污染消纳的主要手段。我国对该类技术的研发要立足于种植业耕地面积紧张的实际情况，尽可能以不占用或少占用耕地为前提。尤其在土地流转后规模化种植条件下，污染物拦截阻断技术应根据农田面积大小、排水强度进行参数设置，相关组成构件应作为农田水路基础建设的一部分提早植入。

3. 养分农田回用技术现状分析　养分农田回用技术的内容以作物残体和沼液、沼渣不同形式还田为主。其中，直接还田技术包括作物残体的原位还田和沼液无害化后的稀释回灌；间接还田技术则对接农业废弃物资源化利用技术，实现秸秆、蔬菜残体或沼渣的肥料化、基质化和能源化，再次用于作物种植。此外，农田回用也是实现集中处理后的生活污水尾水中氮、磷含量对接地表水排放标准的有效手段。现阶段有关废/尾水回用的技术参数和操作规程仍有所欠缺，这将成为养分农田回用技术发展的新方向。

4. 全过程技术　涵盖“源头”-“过程”-“回用”三方向技术的全过程技术，或针对某种特定作物系统（例如，基于总量削减-盈余回收-流失阻断的菜地氮、磷污染综合控制技术，茶叶、柑橘等特色生态作物肥药减量化和退水污染负荷削减技术），或以解决复杂种植区面源污染为目标。针对特定作物系统的全过程技术，以特定作物系统的养分需求和氮、磷转运为前提，结合该作物种植的环境特征，提升氮、磷污染在该系统中的利用效率，最大化削减该作物系统的污染排放量；该类全过程技术可在相同作物系统中进行直接套用。以解决复杂种植区面源污染为目标的全过程技术，在削减农田污染物出田量的同时，借力于空间上不同作物系统的物质链串联，发挥不同系统的消纳功能，将多级利用和净化同步推进，实现以区域或流域为单位的污染物排放量总量削减；该类全过程技术以区域水路系统排布为抓手，对作物包容性较强，是可推广、可复制的技术模式，也是种植业面源污染防治的主力。

（二）养殖业污染控制技术发展现状

本部分将从不同动物类型的畜禽养殖污染控制技术，畜禽养殖污染源头控制技术，氮、磷有机污染减排技术，废弃物资源化利用技术及水产养殖污染控制技术 5 个方面简要分析 2014 年至今的发展情况。

1. 不同动物类型的畜禽养殖污染控制技术发展现状分析

（1）生猪污染控制技术。以国内的相关研究为基础分析得到，污染源头控制技术关注度较低，占比不足 10%；污染减排技术和废弃物资源化利用技术得到的研究关注度相对较高，占比均在 50%上下浮动。从研究关注度演变来看，污染源头控制技术和废弃物资源化利用技术与之前年份相比在现阶段的热度有所回升。从高频词演变来看，猪场废水、发酵床、垫料是污染源头控制技术现阶段的研究热点；猪粪、猪场废水、重金属、堆肥是污染减排技术现阶段的研究热点；猪粪、堆肥、有机物料、沼液、厌氧发酵是废弃物资源化利用技术现阶段的研究热点。

以国外的相关研究为基础分析得到，污染源头控制技术得到的研究关注度最低，现阶段占比均不足 20%；废弃物资源化利用技术得到的研究关注度最高，现阶段占比在 50%上下浮动。从研究关注度演变来看，污染减排技术在 2014 年至今热度有所回升；国外学者对废弃物资源化利用技术的研究热情逐年段走高，至今已增至 52.7%。从高频词演变来看，2014 年污染源头控制技术的研究重点是沼气、厌氧发酵、猪场废水；污染减排技术的研究重点是粪肥、沼气、氨气、厌氧发酵；而粪肥、沼气、厌氧发酵、猪场废水是废弃物资源化利用技术在现阶段的研究重点。

（2）家禽污染控制技术。以国内的相关研究为基础分析得到，污染源头控制技术在现阶段得到的研究关注度最低，占比在 5%上下浮动；污染减排技术和废弃物资源化利用技术得到的研究关注度相对较高，占比均在 50%上下浮动。从高频词演变来看，污染源头控制技术在 2014 年至今的研究重点有肉鸡、饲养方式等；污染减排技术在 2014 年至今的研究重点是堆肥、重金属、鸡粪；废弃物资源化利用技术的研究重点主要有堆肥、有机物料、鸡粪/畜禽粪。

以国外的相关研究为基础分析得到，污染源头控制技术得到的研究关注度相对较低，现阶段占比不足 25%；废弃物资源化利用技术得到的研究关注度最高，各占比均在 50%以上；污染减排技术的研究关注度介于污染源头控制技术和废弃物资源化利用技术之间。从高频词演变来看，2014 年至今污染源头控制技术的研究热点是厌氧发酵、硝酸盐、粪肥等；污染减排技术的研究热点是粪肥、氨、氮；废弃物资源化利用技术的研究热点是厌氧发酵、磷、土壤。

（3）肉（奶）牛污染控制技术。以国内的相关研究为基础分析得到，污染源头控制技术得到的研究关注度最低，现阶段占比不足10%；废弃物资源化利用技术得到的研究关注度最高，现阶段占比超过50%；污染减排技术的研究关注度介于污染源头控制技术和废弃物资源化利用技术之间。从研究关注度演变来看，污染源头控制技术现阶段在较低的研究热度下呈现小幅波动，未有大的突破；污染减排技术整体呈逐年段递减趋势，而废弃物资源化利用技术则呈现逐年段递增趋势。从高频词演变来看，2014年至今，污染源头控制技术中氧化亚氮等温室气体的污染成为新的关注点；在污染减排技术方向中，氨氮、二氧化碳以及重金属等污染报道逐渐增多；在废弃物资源化利用技术方向中，长期施肥导致的问题报道逐渐增多。

以国外的相关研究为基础分析得到，从3个技术来看，污染源头控制技术得到的研究关注度相对较低，现阶段占比在10%～15%浮动；废弃物资源化利用技术得到的研究关注度最高，现阶段占比超过50%；污染减排技术得到的研究关注度介于污染源头控制技术和废弃物资源化利用技术之间。从高频词演变来看，现阶段，污染源头控制技术新增了重金属等污染物的研究；在污染减排技术方向中，现阶段有关硝酸盐的污染问题逐渐得到了较高的关注；在废弃物资源化利用技术方向中，抗生素、重金属成为研究热点。

2. 畜禽养殖污染源头控制技术发展现状分析 近年来，我国畜禽养殖快速发展带来的各种污染不断挑战和挤压人类生活及生存的环境空间，尤其是畜禽养殖业现已成为农村经济的支柱产业，在带动农村经济发展的同时，也带来了许多环境污染问题。从目前我国环境治理的现状来看，大部分环境污染治理都侧重于末端治理，而大部分中小型畜禽养殖场的环境管理水平较低，且缺少必要的污染治理设施投资，大多数畜禽养殖场都没有配套完善的粪污处理设施，畜禽养殖废弃物得不到合理的处理与利用，直接排入环境，由此造成了一系列的环境污染问题。解决畜禽养殖污染主要有工厂化处理达标排放和资源化利用两种模式，不管是采取哪种模式，减少水污染物产生量均是确保设施正常运行的关键。受传统末端治理思想的影响，当前大部分养殖场对源头控制重视不足，导致畜禽养殖中污水产生量严重偏大，给后续处理和资源化利用带来很大难度。如何从源头减少水污染物产生，已成为畜禽养殖污染防治的关键一环。目前，常用的污染源头控制技术如下。

（1）清洁饮水技术。目前，普遍使用的饮水器有鸭嘴式、碗式和乳头式3

种。其中，鸭嘴式和乳头式饮水器的结构较简单，造价较低，且拆卸也比较方便，出水量较大，能够满足生猪的饮水需求，在许多养殖场被广泛使用；但其缺点是出水量太大而导致水流溅射，不仅增加用水量，而且增加污水产生量。碗式饮水器的结构比其他两种饮水器复杂，造价偏高，其优势是发生溢水的情况较少，能够节约用水量，减少污水产生量；但其不足是存在饮水混入饲料残渣引起生猪交叉感染的风险，另外还需要人工清理碗中的饲料残渣，加大工作量和人力成本。

（2）厌氧发酵处理技术。厌氧发酵处理技术是畜禽养殖场中污染源头控制中常用的技术方法。该技术在实现生猪养殖场粪尿污水快速降解处理的同时，降低生猪养殖场的实际生产成本，实现生产效益的提升。

（3）氧化塘处理技术。以天然池塘或人工池塘为载体，对污水进行有氧微生物的净化，实现对污水中有机物的降解，提高污水中溶解氧的含氧量。

（4）生物发酵床养殖技术。生物发酵床养殖技术以微生态理论和生物发酵理论为基础，将酵母菌、谷壳等微生物发酵成有机物垫料，放到生猪养殖场中，将生猪的粪尿进行微生物降解处理，实现零排放。

（5）消毒防疫技术。对养殖场进行定期的消毒处理，确保猪舍、分娩室、生产区入口等地的清洁。使用化学消毒和机械消毒的方法进行预防性消毒处理，确保生猪养殖场地的卫生，减少对环境的污染。

3. 氮、磷有机污染减排技术发展现状分析 2018年，由中国农业科学院农业环境与可持续发展研究所研究员董红敏牵头完成的“畜禽粪便污染监测核算方法和减排增效关键技术研发与应用”。该项目历经18年的持续攻关，在畜禽粪便污染监测核算方法、畜禽粪污处理利用减排增效关键技术和资源化利用典型模式等方面取得了创新性成果。建立了我国第一套畜禽养殖业源产排污系数核算方法，解决了畜禽养殖污染减排无法定量评价的难题，为控制畜禽养殖业污染物排放提供了依据和方法，为摸清畜禽污染现状和趋势、污染防治战略制定、资源化利用技术与工程的开发和设计提供了数据基础。针对畜禽养殖场污水量大且浓度高、处理利用难的问题，目前常用的手段如下。

（1）好氧堆肥直接还田模式。该技术模式通过将畜禽粪便中通入高温好氧堆肥，而经过无害化处理以后就可以直接还田作为肥料。其中，养殖废水经过必要处理以后，也能够直接进行农田浇灌。这项技术模式在实际应用过程中，需要技术人员能够充分参照农田的耕作模式以及农田中种植的农作物基本情况来进行长期施肥，并且能够避免出现不合理施肥所带来的各类负面影响。

（2）粪污发酵生产有机肥模式。这种模式就是通过收集畜禽粪进行统一整合以及预处理工作，接着使用风能、太阳能等能源来对这些粪污进行干燥操作，并去除恶臭气味和各类病菌。经处理以后，粪污基本上能够具有较高的无害化水平，最终也能够加工成为有机肥，实现了整个技术模式的效果。对于那些整体规模较大的畜禽类养殖来说，这种技术模式应该作为首选模式，能够使用较低成本制作成数量较多的商品有机肥，具有较高的经济效果。

（3）畜禽粪便能源化和沼气循环模式。这种模式需要养殖场能够具备雨污分离、干清粪等模式，能够将养殖污水投入厌氧反应池中，进行后续多项处理。整个模式可以分为能源生态型和能源环保型两个方面。其中，前者要求养殖场附近应该具有充足的农田、鱼塘等场所，可以消化技术模式产生的沼气；而后者则没有这些要求，是专门针对粪污处理的技术模式，最终生成有机肥。因此，在具体应用中应该尽可能选择第一种模式，能够在清除粪污的过程中，取得较好的经济收益。

（4）“三分离一净化”综合处理模式。这种处理模式中的“三分离”主要是指雨污分离、干湿分离和固液分离，而“一净化”则是指粪污净化达到排放标准。这项技术模式的应用主要是通过污染减排的现代理念，结合当前我国养殖场关于废水生态净化与循环使用等各类技术体系来实施的。该技术能够真正实现粪污的无害化处理。

4. 废弃物资源化利用技术发展现状分析　养殖废弃物的处理与一个国家的经济发展水平有关，从国外最新资料来看，对经济发达国家而言，粪便作肥料还田成为主要出路；对发展中国家来说，粪便作饲料仍是主要出路。目前，欧美、日本等经济发达国家基本上不主张用粪便作饲料；东欧和独联体国家主张粪水分离，固体粪渣用作饲料，液体部分用于生产沼气或灌溉农田；而国内用畜禽粪便作肥料、饲料和燃料的3种方式均有应用。

（1）作肥料。采用的方法有厌氧发酵法、快速烘干法、微波法、膨化法、充氧动态发酵法。随着我国有机食品和绿色食品的发展，有机肥的需求量不断增加，用畜禽粪便制作有机肥具有一定的市场前景。但用畜禽粪便生产有机肥作为资源化利用所占的比例极低。

（2）作饲料。畜禽粪便用作饲料，即粪便资源的饲料化，是畜禽粪便综合利用的重要途径。畜禽粪便虽然含有丰富的营养成分，但又是有害物质的潜在来源，有害物质包括病原微生物（细菌、病毒、寄生虫）、化学物质（如真菌毒素）、杀虫药、有毒金属、药物和激素。

（3）作燃料。截至目前，我国养殖场中有沼气工程的还很少，杭州浮山养殖场、上海星火农场、北京大兴留民营生态农场是较为成功的范例。

从废弃物处理工艺设备或设施上来说，目前，国内外畜禽粪便处理工艺主要采用以下几种：好氧堆肥、厌氧发酵、高温烘干及堆腐晾晒等。其中，不同工艺具有不同设备或设施，如好氧堆肥采用立式发酵罐、卧式发酵罐、槽式翻抛、分子膜等不同设备或设施。

5. 水产养殖污染控制技术发展现状分析 水产养殖污染控制技术通常分为源头减排技术和尾水净化技术。

(1) 源头减排技术。源头减排技术主要有环保型水产饲料配制与精准投喂、微生物水质调控、多营养层次综合养殖、稻渔综合种养、池塘工程化循环水养殖等技术。

环保型水产饲料是指严格按照水生动物的营养需求，同时考虑饲料原料的组成及其与水环境的相互关系，通过优化营养配方的设计、使用安全高效的添加剂、改进饲料加工工艺技术等方式，尽可能提高饲料养分的消化利用率，改善饲料适口性、水中稳定性、沉降速度等指标，减少其对养殖水体污染的一类绿色环保的饲料。自从 20 世纪 80 年代起，我国陆续开展水生动物的营养标准研究，先后制定鳗鲡、草鱼、罗非鱼、鲤、中国对虾、虹鳟、青鱼、鲫、大黄鱼等 20 多种水生动物的配合饲料营养标准，饲料加工工艺技术不断改进，如完善膨化、氨基酸包膜、淀粉熟化、高油脂添加工艺。并根据水生动物的种类、生理状况、水体环境等情况，合理制定投饵料量、投饵料方法及投饵料比例，以期最大限度地提高水产饲料的利用率，减少水产饲料的浪费及对水体的污染。

微生物水质调控技术是采用微生物来吸收和分解在水体中残留的有机物，将被污染的水体进行有效的净化，常用的微生物制剂有光合细菌、硝化细菌、芽孢杆菌等。许多学者和生产厂家研究利用不同菌株的不同特性，将多种微生物菌株培育后复合为复合微生物制剂，以期发挥它们的综合效果。国外水产养殖发达国家在高密度集约化养殖中大都采用了微生物水质调节剂调节水质，以达到养殖用水循环利用或降低排放废水中的有害物质的目的。我国在应用微生态制剂净化养殖水体方面的研究起步较晚，但发展较为迅速，先后研制开发了包括光合细菌、芽孢杆菌等在内的一系列微生物水质调节剂产品，它们在除去氨氮、有机质、降低 COD 和增加溶解氧等方面有明显的优越性，应用较为广泛。

多营养层次综合养殖是在同一池塘生态系统中，将吃食性鱼类、滤食类鱼类、底栖动物和水生植物等多营养层级养殖种类适当混养，系统中高营养层次养殖种类的排泄废物及残饵可以作为低营养层次养殖种类的营养来源，实现水体中营养物质的循环利用，常见模式有河蟹-青虾-螺蛳-水草养殖、鳖-鳙-鲢-螺-菜养殖、鱼-蚌养殖、吃食性鱼类-滤食性鱼类混合养殖等。

稻渔综合种养将水稻种植与水产养殖有机结合起来，是提高资源利用率的生态循环农业发展模式，既能实现水稻稳产、水产品新增、经济效益提高，又能显著提高稻田或池塘氮、磷资源的利用率，降低农药、化肥施用量，目前常见的养殖种类有鱼类、小龙虾、河蟹、中华鳖等。

池塘工程化循环水养殖系统分为2个功能区域：占原有池塘2%～3%面积的养殖系统区域，包括提气推水、养殖水槽及废弃物收集3个功能模块，主要功能是高溶氧流水、高密度养鱼及废弃物有效收集；97%～98%面积为水质净化区，主要功能为水质净化与循环，养殖滤食型鱼类、青虾、贝类和种植水生植物。通过科学布局养鱼与养水的空间与功能，综合运用新型养殖设施与工业化技术，集约化利用养殖空间，科学构建生态位，有效吸除废弃物，从而实现水产品高产优质、水资源循环使用和营养物质多级利用，基本上做到水质的稳定及养殖尾水的零排放。

（2）尾水净化技术。常用的尾水净化技术包括沉淀法、过滤法、吸附法、生态沟渠、生物塘、生物滤池、人工湿地等技术。

沉淀法、过滤法、吸附法等主要是依靠物理作用来去除水质中的固体污染物。沉淀法用来沉淀颗粒较大、自由沉降较快的固体污染物，主要用于池塘养殖。过滤法是将被处理的废水通过粒状滤料或过滤装置，使水中杂质被截留而得以去除的方法，机械过滤器（微滤机）是应用较多、过滤效果较好的方式，主要用于工厂化循环水养殖中水处理的第一步工艺。吸附法是利用水中的一种或多种物质在吸附剂表面或空隙中的附着以达到净化水质的目的，麦饭石、沸石、活性炭及其改性后的材料也逐渐被尝试用于处理水产养殖废水。

生态沟渠、生物塘、生物滤池、人工湿地等技术是利用系统内土壤、人工介质、植物、微生物的多重协同作用，对养殖尾水进行净化综合处理。生态沟渠和生物塘由水、土壤和生物组成，具有截留悬浮物、土壤吸附、植物吸收、生物降解等一系列水质净化功能，生态沟渠为倒“V”形，上口宽度不小于3米，深度不小于1.5米，渠壁和渠底为土质；生物塘为方形，可由浅水区和深水区组成，其中浅水区水深不宜超过0.5米，深水区水深可达2米以上。生态沟渠和生物塘沿岸浅水区可选择配植菖蒲、美人蕉、鸢尾、香菇草、莲藕、睡莲、荇菜、喜旱莲子草、茭白、水芹等水生植物，深水区可利用生物浮床种植蕹菜、生菜、水芹等水生植物，水生植物覆盖面积宜为30%～50%。在沟渠或生物塘内，可放养鲢、鳙等滤食性鱼类，也可放养螺蛳、河蚌等底栖贝类。曝气生物滤池内部设置弹性填料、底部设置曝气系统，主要是依靠附着在生物膜上的细菌、原生动物、藻类等的新陈代谢，对水体中的氮、磷、碳水化合物进行吸收转化，可用于池塘养殖尾水处理和工厂化循环水养殖中的水处理。其中，处理池塘养殖尾水的滤料为立体纤维滤料，用聚乙烯绳或不锈钢丝固定；而工厂化循环水养殖中的水处理的滤料主要有陶粒、焦炭、石英砂、活性炭、生物球等。人工湿地分为表面流人工湿地、水平潜流人工湿地和垂直潜流人工湿地，主要用于池塘养殖的尾水处理。其中，表面流人工湿地废水在土壤表面流动，较接近于天然湿地，成本最低，在水产养殖的实践中应用最为广泛；水平潜流人工湿地养殖废水在填料中渗流，加大了养殖废水与湿地系统的接触面积，生物膜依附的面积变大，增加了养殖废物的吸收、转化能力，也是目前研究最为广泛的人工湿地，应用前景较好；垂直潜流人工湿地废水流入具有间歇性，造价较高，目前国内研究和应用较少。

（三）农村生活污水治理技术发展现状

1. 收集技术发展现状分析 农村生活污水收集技术以重力管网收集为主。管材主要采用 PE、UPVC 等轻便、安装方便、施工简单的管材。近年来，为顺应农村生活污水资源化利用需求的提高，在农村生活污水收集方面有一些新技术得到应用。负压（真空）收集技术是利用管网内负压产生的高速气流输送污水的技术，根据生活污水性质的不同，将黑水（粪尿污水及其冲洗水）和灰水（杂排水）分质收集、分质处理与资源回收。把过去的污水收集系统变成一个生产资源和再生水的系统。负压排水管径小，埋深浅，布线灵活，管网密闭无泄漏。将源分离理念和负压排水技术相结合，黑水、灰水源头分离；黑水通常应用负压排水方式收集，以获得高浓度的污水和避免传输过程中管网堵塞，灰水可因地制宜应用重力流、负压等排水方式收集；高浓度黑水总量小，可以通过稳定化、厌氧或其他快速处理工艺处置，实现沼气生产，氮、磷、钾、有机物等肥料化应用；分离后的灰水，氮、磷含量低，有机物去除也大为简化；结合高效低能耗的一体化污水处理手段，即可实现再生水回用。

2. 污水处理技术发展现状分析 我国农村生活污水处理技术的研发始于20 世纪 80 年代末期，与城镇生活污水处理技术相比，起步较晚。初期的农村生活污水治理技术主要有生物处理和生态处理 2 种技术类型。近些年，生物膜工艺和生物＋生态组合处理工艺被广泛采用。最近 20 年的国内农村生活污水处理技术专利中，生物处理技术、组合技术、生态处理技术是专利数量占比较多的技术方向，约占全部专利的80%。

化粪池在农村污染治理的初期作为简易处理设施被广泛采用。此外，因其价格低、维护管理方便更成为当前欠发达地区农村“厕所革命”的主要技术模式。在农村污水生物处理及生态处理系统中，化粪池通常作为预处理设施使用。化粪池的发展经历了单格式化粪池、三格式化粪池、五格式化粪池等阶段。材质也由最初的砖砌发展为钢筋混凝土、玻璃钢等材质，防渗、抗压性能得到显著提高。

生物处理技术以日本净化槽为代表，是一种污水处理厂工艺小型集约化的应用技术，安装方便、运行成本高、管理要求复杂。我国的地埋式一体化污水处理装置发展初期大多采用厌氧接触氧化池、厌氧生物滤池等无动力或微动力方式。20世纪90年代研发的初沉池＋厌氧污泥床接触池＋厌氧生物滤池出水经接触氧化沟自然处理后排放，设计出水满足GB 8979—1988二级标准。因其无动力、易维护的特点，于1995年、1996年被建设部及国家环境保护总局列为重点环保实用技术、最佳环保实用技术。地埋式无动力一体化装置SS、COD去除率约为50%，但难以保证出水COD小于100毫克/升，氮、磷去除效果仅为20%左右。由于处理效果不理想，在经历了一段曲折发展过程后，20世纪90年代末期逐渐不再提倡无动力一体化装置。近年来，随着农村生活污水处理受到广泛关注，越来越多的企业投入一体化污水处理装置的研究与开发应用中，一体化污水处理装置生产研发企业蓬勃发展。部分企业在借鉴日本净化槽经验的基础上，结合农村实际需求，积极开发适合中国国情的一体化污水处理装置。目前，国内开发的一体化污水处理装置主要工艺包括A/O接触氧化工艺、生物转盘工艺、MBBR工艺等，主要执行《城镇污水处理厂污染物排放标准》（GB 18918—2002）一级B标准、各地方排放标准等，处理规模以0.5～200立方米/天为主，适用于户用或村镇小规模集中处理。进入21世纪10年代后，通过创新性地将物联网技术应用于农村污水处理和管理中，除定期的维护管理外，可实现农村生活污水处理设施无人值守运行，实现农村污水处理低成本、低维护、高效管理的目的。

生态处理技术主要包括生态滤池、人工湿地、稳定塘、土地渗滤系统等技术。生态处理技术主要在土地资源丰富、环境容量大的地区应用，缺点是占地面积较大、处理效果受季节影响。表面流人工湿地、垂直潜流人工湿地与水平潜流人工湿地、氧化塘等在有空闲土地，对氮、磷去除有一定要求的农村地区被采用。生态处理技术在我国的早期推广中由于技术水平落后、未形成成熟的运行维护模式、管理不到位等原因，农村生活污水处理人工湿地处理等也暴露出出水水质不达标、易堵塞、寿命短等问题。进入21世纪后，人工湿地在我国进入快速发展期，截至2015年，我国有公开文献报道的人工湿地工程超过700个。近些年，在强化预处理、基质优选、配水方式优化等方面进行了改进，人工湿地处理工艺在农村得到了广泛的应用，成为污水处理系统较为稳定的主力技术。《农村生活污染防治技术政策》（环发〔2010〕20号）及《农村生活污染控制技术规范》（HJ 574—2010）都将人工湿地列入推荐的处理工艺清单。结合中国农村的实际需求，部分企业开发了无（微）动力土壤渗滤一体化设备，但氮、磷处理效果及稳定运行时间有一定局限性。

农村生活污水具有水量小、排放无序、点多面广等特点，且普遍缺乏专业管理人员，迫切需要成本低、易维护、效果稳定且便于资源化利用的处理技术。为破解现有农村污水处理技术运行成本高、脱氮除磷效果差、资源化利用水平低等技术瓶颈，近年研发了一批符合农村特点的生物生态组合技术，如厌氧滤井-跌水曝气-经济型人工湿地处理技术、改良型复合介质生物滤器处理技术、层叠生物滤床-潜流人工湿地耦合技术等。这些技术具有节能、节地、运行维护简单等特点，能够有效降低运行成本及维护管理要求，减少对土地的使用，还能与经济作物的种植相结合，提高氮、磷的资源回收率。以厌氧滤井-跌水曝气＋经济型人工湿地处理技术为例，该技术以生物单元处理有机污染物，生态单元资源化利用氮、磷的理念，将农村污水处理与农业种植有机结合。生物单元采用大深径比厌氧反应器，生态单元种植氮、磷吸收能力强的空心菜等经济性作物，能够高效回收氮、磷资源并产生经济效益，维护管理简单，出水满足《城镇污水处理厂污染物排放标准》（GB 18918—2002）一级B标准，建设成本约10 000元/吨，占地6～10平方米/吨，直接运行成本小于0.15元/吨，与生物处理技术相比，节能60%以上，已在太湖流域苏锡常地区上百个农村推广应用，适用于200立方米/天以下规模的农村污水处理。近些年，随着对农村生活污水治理需求的提高，在出水标准要求较高的北京、天津等地区化学除磷、吸附等物化处理技术也得到应用。

3. 污水资源化利用技术发展现状分析 农村生活污水含有大量农业种植所必需的氮、磷资源。农村生活污水资源化利用主要包括尾水灌溉、粪污回田、沼气生产等。农村生活污水回用于灌溉处理，由于成本低、维护管理方便，是今后应大力发展的方向。由于激励机制及配套设施不到位等原因，我国农村生活污水尾水灌溉率还较低，应解决好非灌溉季节的回用水储存问题或达标排放问题。目前，尾水灌溉技术主要包括预处理＋氧化塘、预处理＋人工湿地等技术。污水灌溉主要执行《城市污水再生利用　农田灌溉用水水质》（GB 20922—2007）。沼气技术主要包括沼气池技术、UASB技术等。由于农村生活污水水质浓度较低，利用沼气技术实现生活污水资源化利用时通常需要黑水、灰水分质收集或与畜禽粪便、农村生活垃圾等混合使用。污水杂用技术主要采用MBR工艺。MBR工艺运行成本高、维护管理要求高，因此只适用于经济发展水平高、维护管理水平高、有尾水杂用需求的地区。近10年，污泥资源化利用、磷回收等方面也开始了研究，但与传统资源化利用技术相比数量相对较少，尚未形成规模。

随着农村"厕所革命"的推进和农村居民生活水平的提高，农村生活粪污和污水的治理需求显著提高。2019年，各省份相继颁布了农村生活污水的地方排放标准，农村生活污水污染控制要求进一步细化，技术发展也呈现多元化的发展趋势。

（四）农业农村管理技术发展现状

1. 研究关注度现状　在农业生产污染领域，"十三五"时期，对制度体系的关注降到了最低点35.68%，与之相对应，国内对支撑技术的关注热度达到最高峰，此时与国外基本达到同等关注水平。

在农村生活污染领域，国内制度政策发文占比在"十三五"期间达到了最高值56.62%，一度超过了支撑政策发文占比；国外制度政策占比虽然在"十三五"期间有所回升，但整体上制度政策发文占比还是远低于支撑政策发文占比。这种情况可能与国外的农村人居环境整治比国内开展得要早有关，"十五"期间国外的农村生活污染基本得到了有效治理，一般的制度体系也较为完善，后续只需加强支撑技术层面的研究来维持污染控制即可。而国内情况则不同，农村生活污染治理起步较晚，一直在寻求制定有效的制度措施来缓解农村生活污染带来的影响，亟须加强对制度体系的研究。

在流域污染领域，"十三五"期间，国内的制度政策发文占比在持续下降，而国外的制度政策发文占比却在这段时期内持续上升。虽然国内外都较为重视支撑技术对流域污染的治理，但国外明显在"十三五"期间增加了对制度体系研究的热度。

2. 研究关注热点现状　在农业生产污染领域，制度政策方面，"十三五"期间，国内开始关注重金属等土壤污染；而国外除了前几个阶段的热点关注外，还比较热衷于研究农业的最佳管理措施。支撑技术方面，"十三五"期间，国内比较关注重金属和土壤，而国外则比较关注营养成分和重金属。

在农村生活污染领域，制度政策方面，"十三五"期间，国内比较关注污水处理设施和人居环境，而国外则比较关注灰水和可持续性。支撑技术方面，“十三五”期间，国内比较关注农村生活垃圾，国外则比较关注废水回收。

在流域污染领域，制度政策方面，“十三五”期间，国内比较关注小流域和总量控制，而国外则比较关注水质和污染沉淀。支撑技术方面，“十三五”期间，国内比较关注水质量和污染负荷，而国外则延伸了“十二五”对SWAT和硝酸盐等营养成分的关注度。

第四章　农业农村水污染控制与水环境整治技术评估

第一节　技术综合评估

一、技术评估的目的与意义

农业面源污染问题已威胁到农业和社会经济的可持续发展。农业面源污染具有种类多、分布广、面源类型在不同地区差异较大的特点，因此不同地区需求不同的治理技术。“十一五”以来，以国家水体污染控制与治理科技重大专项为支撑，我国在农业面源污染防治方面开展了大量的技术研发与工程示范，取得了较好的进展，产出了不少农业面源污染防治方面的技术。由于不同技术的经济效益、环境效益差异较大，不同地区在不同类别农业面源污染防治中，为优选适用的技术，需对技术进行比较与筛选。但目前对农业面源污染防治技术评价和筛选的研究较少，尚未形成一套比较完善的评价方法和指标体系。农业面源污染防治技术评价涉及经济、环境和技术等多个方面，每个方面又包含很多指标因素，并且其中有些指标是难以定量的。

层次分析法（analytic hierarchy processing，简称 AHP）是一种应用广泛的多指标决策工具，其特点是在对复杂的决策问题本质、影响因素及其内在关系等进行深入分析的基础上，利用较少的定量信息使决策的思维过程数学化，从而为多目标、多准则或无结构特性的复杂决策问题提供简便的决策方法。因此，将 AHP 与指标体系相结合，从技术的经济效益、环境效益和适用性等方面深入分析，建立农业面源污染防治技术综合评价指标体系，在指标体系建立过程中，尽可能选择可量化的指标以提高评价的定量性，最终形成有效、可行的农业面源污染防治技术评价方法，为农业面源污染防治技术的合理引进和推广相关提供支撑。

二、技术评估方法

（一）种植业氮、磷全过程控制技术综合评估

现有种植业农业面源污染控制技术普遍存在参数适用面积较小、技术和工程脱节、技术本身重环境效益轻经济效益等现象。为确保本评估所筛选出技术的可推广性，评估指标的筛选在考虑技术及环境效益的同时，需兼顾社会、经济等多个方向。

基于种植业农业面源污染处理技术的特征，考虑影响技术综合性能的多种因素，本评估系统在查阅文献资料并进行专家咨询的基础上，选择了具有主导作用、代表性和独立性较强的指标，力图做到全面、客观、充分体现处理技术特征，同时考虑了现有成熟技术的特点、数据的易获取性。提出了包括 3 个准则层、6 个子准则层、共 10 项指标的种植业污染防治技术综合评价体系（表 4－1）。对应种植业污染防治技术综合评价目标层，选择技术指标、环境指标、经济指标 3 个准则层，从技术处理效果和经济性、适用性等多个方面综合反映技术特征。技术指标准则层下分技术可靠性和适用性 2 个子准则层，分别选择生产影响率和运行管理难易度 2 项指标。环境指标准则层下分污染减排和环境风险 2 个子准则层。考虑到种植业环境下碳源污染物较少，而因化肥过量投入的氮、磷养分流失是造成周边水系污染最为主要的因素，且特种肥料以

表 4－1　种植业污染防治技术综合评价体系及指标体系权重情况

A目标层	A种植业污染防治技术综合评价 （1.000 0）									
B准则层	B1技术指标 （0.351 5）		B2环境指标 （0.353 5）				B3经济指标 （0.295 1）			
C子准则层	C1 技术 可靠性 （0.174 7）	C2 技术 适用性 （0.176 8）	C3 污染减排 （0.177 5）		C4 环境风险 （0.175 9）		C5 技术成本 （0.150 4）		C6 技术效益 （0.144 6）	
D指标层	D1 生产影响率 （0.174 7）	D2 运行管理难易度 （0.176 8）	D3 氮削减效果 （0.091 4）	D4 磷削减效果 （0.086 1）	D5 二次污染 （0.080 6）	D6 人体健康 （0.095 3）	D7 投资 （0.072 0）	D8 运行费 （0.078 4）	D9 技术收益 （0.072 1）	D10 节约资源 （0.072 5）

及农药的施用直接关系到新型材料对环境的二次污染及人体健康的威胁。因此，选择氮、磷削减效果2项指标用于污染减排子准则层的表征，选择二次污染、人体健康2项指标用于环境风险子准则层的表征。经济指标准则层下分技术成本和技术效益2个子准则层。为了后期更好地实现技术推广，选择投资以及运行费作为衡量技术成本的2项指标；且通过技术收益及节约资源情况共同体现技术效益的优劣性。

根据改进评价方法的需要，制作了“种植业污染防治技术综合评价指标体系权重专家打分表”发予相关领域专家（涵盖相关领域的科研人员、管理人员以及生产人员），共回收有效打分表45张，确定各指标权重（表4-1）。

评价方法涉及种植业的多个方面，评价体系中的指标并非全部为可量化指标。在对现有技术梳理的过程中，规整各个技术中的对应指标情况，了解各项指标在现有技术中的状况。在此基础上，对指标的属性进行定性或定量的划分。

评估基于种植业污染防控技术体系，在评价指标不变的情况下，将定量单项指标的赋分细化到技术领域级别。因此，按照污染物源头削减、污染物过程拦截和养分回用3个技术领域，形成3个评价赋分模块。按照技术领域对文献中对应评价指标的相关信息或参数进行规整，确定定性指标的分区和各分区数据占比，分析定量指标的阈值和数据分布情况。3个模块中，仅定量指标在不同技术领域有所差异，其余定性指标赋分标准统一（表4-2）。

表4-2 指标分区与赋分情况

技术领域	D指标层	0～30分	30～60分	60～80分	80～100分
源头削减	D1 生产影响率	0～3%	3%～12%	12%～20%	20%～24%
	D2 运行管理难易度	困难	较困难	较容易	容易
	D3 氮削减效果	0～6%	6%～18%	18%～26%	26%～31%
	D4 磷削减效果	0～6%	6%～17%	17%～27%	27%～31%
	D5 二次污染	是	有风险	否	是
	D6 人体健康	不利影响	可能有风险	否	有利影响
	D7 投资	较高投资	生产者不愿承担	生产者愿意承担	无额外投资
	D8 运行费	运行费用高	运行费用较高	运行费可以接受	运行费用低
	D9 技术收益	不增加收益		有可能增加收益	必然增加收益
	D10 节约资源	0～5%	5%～15%	15%～22%	22%～25%

（续）

技术领域	D 指标层	0～30 分	30～60 分	60～80 分	80～100 分
过程拦截	D1 生产影响率	0		0%～5%	5%～10%
	D2 运行管理难易度	困难	较困难	较容易	容易
	D3 氮削减效果	0～2%	2%～7%	7%～13%	13%～17%
	D4 磷削减效果	0～3%	3%～10%	10%～16%	16%～21%
	D5 二次污染	是	有风险	否	是
	D6 人体健康	不利影响	可能有风险	否	有利影响
	D7 投资	较高投资	生产者不愿承担	生产者愿意承担	无额外投资
	D8 运行费	运行费用高	运行费用较高	运行费可以接受	运行费用低
	D9 技术收益	不增加收益		有可能增加收益	必然增加收益
	D10 节约资源	0～1%	1%～4%	4%～9%	9%～12%
养分回用	D1 生产影响率	0～2%	2%～7%	7%～15%	15%～18%
	D2 运行管理难易度	困难	较困难	较容易	容易
	D3 氮削减效果	0～3%	3%～8%	8%～15%	15%～20%
	D4 磷削减效果	0～2%	2%～5%	5%～9%	9%～11%
	D5 二次污染	是	有风险	否	是
	D6 人体健康	不利影响	可能有风险	否	有利影响
	D7 投资	较高投资	生产者不愿承担	生产者愿意承担	无额外投资
	D8 运行费	运行费用高	运行费用较高	运行费可接受	运行费用低
	D9 技术收益	不增加收益		有可能增加收益	必然增加收益
	D10 节约资源	0～2%	2%～5%	5%～9%	9%～11%

此外，因文献中标杆参数的梳理未能对生产尺度进行有效划分，有可能因为数据来源于小尺度试验而提高了标杆赋分要求。因此，在实际进行专家打分时，标杆赋分意见仅供参考，当技术效果参数来源于较大试验尺度时可适当进行放宽。对某个集成技术评价时，若出现多个领域的技术内容则以参数指标要求最高的领域作为评价标准。

将技术信息、指标体系和标杆参数提供给专家，用于专家打分，实现对基于专家知识的技术指标赋分，明确技术在各指标属性上所表现的优劣情况。在此基础上，根据已有的技术就绪度划分，评估技术现有的应用推广情况及其对后续应用的实践支撑能力。值得注意的是，当就绪度低于一定等级时，对技术

“是否应被优先推荐”的评判具有一票否决权。

（二）养殖业污染控制技术综合评估

根据养殖污染控制工程技术建设的整体目标，基于后评价指标体系确定的基本方法，通过走访和调查问卷的形式，获取专家意见，形成养殖业污染控制技术综合评价指标体系。考虑到技术处理效果和经济性、适用性，评价指标体系包括3个准则层、6个子准则层、共15项指标（表4－3、表4－4）。准则层选择技术指标、环境指标、经济指标3个指标，每个指标再继续往下细分。技术指标准则层下分技术可靠性和适用性2个子准则层，其中技术可靠性子准则层选择技术稳定性、生产影响率和资源化利用率3项指标，技术适用性子准则层选择运行管理难易和使用寿命2项指标。环境指标下分污染减排和环境风险2个子准则层，其中污染减排子准则层选择氮削减效果、磷削减效果和COD削减效果3项指标，环境风险子准则层选择二次污染和人体健康2项指标。经济指标准则层下分技术成本和技术效益2个子准则层，其中技术成本子准则层选择投资、占地成本和运行费3项指标，技术效益子准则层选择技术收益和节约资源2项指标。根据确定的指标层次、指标和改进后的打分方法，邀请养殖相关的专家现场进行打分，分别计算同一层次的权重（表4－3、表4－4）。

养殖业污染控制技术综合评价体系的指标赋分由标杆分析法确定。在开展技术评估前，需要对15个指标确定标杆值，根据文献、工程调研，并经过专家讨论和研究，评价指标标杆值及评分标准见表4－5、表4－6。

（三）农村生活污水治理技术综合评估

农村生活污水收集技术评价指标体系共设计4个层次9个指标，主要从技术、经济、环境3个维度进行综合评价。农村生活污水收集技术评价体系由目标层、准则层、要素层、指标层构成。目标层为农村生活污水收集技术综合评价，即科学评价农村生活污水收集技术综合效益。准则层指标为技术指标、经济指标、环境指标。技术要素层包含技术有效性、技术可操作性、技术可靠性和技术推广应用程度4个要素；经济要素层包含投资成本和运行成本2个要素；环境要素层包含环境风险1个要素。指标层共9个指标，包括定性指标和定量指标。农村污水收集技术评价环节采用以熵权法为主、专家咨询为辅的方法确定指标权重。参与技术评估的总个数为6个、评估指标个数为9个，基于熵权法计算的指标权重如表4－7所示。

农村生活污水收集技术评价体系的指标赋分由标杆分析法确定。在开展技术评估前，需要对9个指标确定标杆值，根据文献、工程调研，并经过专家讨论和研究，评估指标标杆值及评分标准见表4－8。

表 4-3　畜禽养殖业污染控制技术不同层次指标及权重

<table>
<tr><td>A 目标层</td><td colspan="15">A 畜禽养殖业污染控制技术综合评价</td></tr>
<tr><td>B 准则层</td><td colspan="5">B1 技术指标（0.306 0）</td><td colspan="5">B2 环境指标（0.452 9）</td><td colspan="5">B3 经济指标（0.241 2）</td></tr>
<tr><td>C 子准则层</td><td colspan="3">C1 技术可靠性
（0.149 5）</td><td colspan="2">C2 技术适用性
（0.156 5）</td><td colspan="3">C3 污染减排
（0.238 4）</td><td colspan="2">C4 环境风险
（0.214 5）</td><td colspan="3">C5 技术成本
（0.130 7）</td><td colspan="2">C6 技术效益
（0.110 5）</td></tr>
<tr><td>D 指标层</td><td>D1 技术稳定性
（0.055 6）</td><td>D2 生产影响率
（0.043 0）</td><td>D3 资源化利用率
（0.050 9）</td><td>D4 运行管理难易
（0.084 8）</td><td>D5 使用寿命
（0.071 7）</td><td>D6 氮削减效果
（0.081 4）</td><td>D7 磷削减效果
（0.074 4）</td><td>D8 COD 削减效果
（0.082 6）</td><td>D9 二次污染
（0.112 9）</td><td>D10 人体健康
（0.101 6）</td><td>D11 投资
（0.044 9）</td><td>D12 占地成本
（0.032 8）</td><td>D13 运行费
（0.053）</td><td>D14 技术收益
（0.055 7）</td><td>D15 节约资源
（0.054 8）</td></tr>
</table>

注：本评价系统共设定 6 个子准则层、15 个指标。根据上面表格中的指标分类，各层的赋分情况为：B1＝C1＋C2，C1＝D1＋D2＋D3，即每个层次所有指标总和均为 1 分。将 1 分逐步分层赋予指标层到 15 个指标后，就是该 15 个指标的权重。

表 4-4　水产养殖业污染控制技术不同层次指标及权重

<table>
<tr><td>A 目标层</td><td colspan="15">A 水产养殖业污染控制技术综合评价</td></tr>
<tr><td>B 准则层</td><td colspan="5">B1 技术指标（0.338 0）</td><td colspan="5">B2 环境指标（0.411 2）</td><td colspan="5">B3 经济指标（0.250 9）</td></tr>
<tr><td>C 子准则层</td><td colspan="3">C1 技术可靠性
（0.186 1）</td><td colspan="2">C2 技术适用性
（0.151 9）</td><td colspan="3">C3 污染减排
（0.239 2）</td><td colspan="2">C4 环境风险
（0.172 0）</td><td colspan="3">C5 技术成本
（0.142 2）</td><td colspan="2">C6 技术效益
（0.108 7）</td></tr>
<tr><td>D 指标层</td><td>D1 技术稳定性
（0.071 1）</td><td>D2 生产影响率
（0.060 4）</td><td>D3 资源化利用率
（0.048 6）</td><td>D4 运行管理难易
（0.083 4）</td><td>D5 使用寿命
（0.068 4）</td><td>D6 氮削减效果
（0.082 6）</td><td>D7 磷削减效果
（0.084 2）</td><td>D8 COD 削减效果
（0.072 1）</td><td>D9 二次污染
（0.091 6）</td><td>D10 人体健康
（0.080 4）</td><td>D11 投资
（0.051 0）</td><td>D12 占地成本
（0.042 8）</td><td>D13 运行费
（0.048 4）</td><td>D14 技术收益
（0.058 8）</td><td>D15 节约资源
（0.049 9）</td></tr>
</table>

表 4-5 畜禽养殖业评价指标标杆值及评分标准

指标	权重	指标分值					备注
		>90	80～90	70～80	60～70	<60	
D1 技术稳定性	0.055 6	（1）市场成熟度高，有运行超过 5 年的企业，运行良好；（2）有成熟的技术保障和支撑，有稳定运行的示范工程	（1）市场成熟度较高，有运行 3～5 年的企业，运行良好；（2）有较成熟的技术保障和支撑，有较稳定运行的示范工程	（1）有一定的市场，有运行 1～3 年的示范，有少量推广；（2）处于技术示范阶段，有较为充足的运行数据保障	有正在运行中的示范工程，暂时未推广	仅在试验中，还未进行示范	（1）（2）任意达到即视为满足，专家根据实际示范效果、市场占有率和运行状况酌情加减分
D2 生产影响率	0.043 0	对养殖量减少率<5%	对养殖量减少率 5%～10%	对养殖量减少率 10%～20%	对养殖量减少率 20%～30%	对养殖量减少率>30%	参照传统的养殖方式、养殖密度，新方案养殖密度的变化情况
D3 资源化利用率	0.050 9	粪污肥料化（或回用）率>90%	粪污肥料化（或回用）率 80%～90%	粪污肥料化（或回用）率 70%～80%	粪污肥料化（或回用）率 50%～70%	粪污肥料化（或回用）率<50%	只要不外排，通过处理且能用于农田、鱼塘、果林等地方
D4 运行管理难易	0.084 8	操作简单，每万头猪每日只需增加 0.5 个人工	操作较简单，每万头猪每日需要增加 0.5～1 个人工	有一定管理难度，每万头猪每日需要增加 1～1.5 人工	管理难度较大，每万头猪每日需要增加 1.5～2 个人工	管理难度较大，每万头猪每日需要增加 2 个人工以上	相对于传统的粪便清理储存，通过新技术需要增加的额外人工

（续）

指标	权重	指标分值					备注
		＞90	80～90	70～80	60～70	＜60	
D5 使用寿命	0.071 7	主要设备可供正常运行 10 年以上	主要设备可供正常运行 8～10 年	主要设备可供正常运行 5～8 年	主要设备可供正常运行 3～5 年	主要设备可供正常运行 3 年以下	粪污处理过程中所用的核心设备，一次性固定投资主体
D6 氮削减效果	0.081 4	粪污处理后满足（1）削减 95%以上；（2）凯氏氮最终＜15 毫克/升；（3）削减效率提升＞50%	粪污处理后满足（1）削减 90%～95%；（2）凯氏氮最终 15～30 毫克/升；（3）削减效率提升 30%～50%	粪污处理后满足（1）削减 80%～90%；（2）凯氏氮最终 30～50 毫克/升；（3）削减效率提升 20%～30%	粪污处理后满足（1）削减 70%～80%；（2）凯氏氮最终 50～100 毫克/升；（3）削减效率提升 10%～20%	粪污处理后满足（1）削减＜70%；（2）凯氏氮最终＞100 毫克/升；（3）削减效率提升＜10%	满足条件之一，其中（1）（2）指从污水源头到最终处理效果，（3）指在处理全环节或某个环节应用技术后相对于原先的提升效率
D7 磷削减效果	0.074 4	粪污处理后满足（1）削减 95%以上；（2）总磷最终＜2 毫克/升；（3）削减效率提升＞50%	粪污处理后满足（1）削减 90%～95%；（2）总磷 2～5 毫克/升；（3）削减效率提升 30%～50%	粪污处理后满足（1）削减 80%～90%；（2）总磷 5～10 毫克/升；（3）削减效率提升 20%～30%	粪污处理后满足（1）削减 70%～80%；（2）总磷 10～20 毫克/升；（3）削减效率提升 10%～20%	粪污处理后满足（1）削减＜70%；（2）总磷＞20 毫克/升；（3）削减效率提升＜10%	满足条件之一，其中（1）（2）指从污水源头到最终处理效果，（3）指在处理全环节或某个环节应用技术后相对于原先的提升效率

（续）

指标	权重	指标分值					备注
		>90	80～90	70～80	60～70	<60	
D8 COD削减效果	0.082 6	粪污处理后满足（1）削减95%以上；（2）最终<150毫克/升；（3）削减效率提升>50%	粪污处理后满足（1）削减90%～95%；（2）最终150～200毫克/升；（3）削减效率30%～50%	粪污处理后满足（1）削减80%～90%；（2）最终200～400毫克/升；（3）削减效率20%～30%	粪污处理后满足（1）削减70%～80%；（2）最终400～800毫克/升；（3）削减效率10%～20%	粪污处理后满足（1）削减<70%；（2）最终>800毫克/升；（3）削减效率<10%	满足条件之一，其中（1）（2）指从污水源头到最终处理效果，（3）指在处理全环节或某个环节应用技术后相对于原先的提升效率
D9 二次污染	0.112 9	在处理过程中，没有额外的污染物排放，污染监测数据提升<2%	在处理过程中，有微量污染物的排放，污染监测数据提升2%～5%	在处理过程中，有少量污染物的排放，污染监测数据提升5%～10%	在处理过程中，有一定量污染物的排放，污染监测数据提升10%～20%	在处理过程中，有显著污染物的排放，污染监测数据提升>20%	额外排放，包括臭气、粉尘或氨挥发等，额外增加能源产生的温室气体
D10 人体健康	0.101 6	工作环境中无额外的粉尘、臭气、噪声、高热等，无有害致病菌接触	工作环境中有微量的粉尘、臭气、噪声、高热等，可能接触微量有害病原菌，人体无明显不适	工作环境中有少量的粉尘、臭气、噪声、高热等，存在微量病原菌，人体需简单防护和清洁	工作环境中有明显的粉尘、臭气、噪声、高热等，存在较多微量病原菌，人体需要专业防护和清洁	工作环境中有明显的粉尘、臭气、噪声、高热等，存在较多微量病原菌，人体需要专业防护和清洁	主要凭感官直接判断

（续）

指标	权重	指标分值					备注
		>90	80～90	70～80	60～70	<60	
D11 投资	0.044 9	投资额占养殖场总固定资产投资<5%	投资额占养殖场总固定资产投资5%～10%	投资额占养殖场总固定资产投资10%～15%	投资额占养殖场总固定资产投资15%～20%	投资额占养殖场总固定资产投资>20%	固定资产包括养殖场内所有需要一次性投资的设施、设备和各种工程
D12 占地成本	0.032 8	占地率相对养殖场总面积增加<2%	占地率相对养殖场总面积增加2%～5%	占地率相对养殖场总面积增加5%～8%	占地率相对养殖场总面积增8%～15%	占地率相对养殖场总面积增加>15%	占地率指污水处理核心项目（设施、设备和工程）在养殖场内所占的面积；通过农牧结合、生态沟、湿地等配套土地具有产出，不纳入计算
D13 运行费	0.053 0	粪污处理成本<5元/立方米	粪污处理成本5～10元/立方米	粪污处理成本10～15元/立方米	粪污处理成本15～20元/立方米	粪污处理成本>20元/立方米	无额外处理成本为100分，根据处理单价酌情打分，粪污是养殖场产生的粪污总量

（续）

指标	权重	指标分值					备注
		>90	80～90	70～80	60～70	<60	
D14 技术收益	0.055 7	技术应用后，无增加环保投入，且有一定的经济收益，无污水排放	技术应用后，无收益，也无增加环保投入，COD 排放率<5%	技术应用后，无收益，粪污处理成本<5 元/立方米，COD 排放率 5%～10%	技术应用后，无收益，粪污处理成本 5～10 元/立方米，COD 排放率 10%～15%	技术应用后，无收益，粪污处理成本>10 元/立方米，COD 排放率>15%	粪污处理主要是环境效益，经济效益较低。评价指标需满足以上所有条件
D15 节约资源	0.032 6	额外增加的水、电、煤等资源，每头猪出栏增加<5 元	额外增加的水、电、煤等，每头猪出栏增加 5～10 元	额外增加的水、电、煤等资源，每头猪出栏增加 10～15 元	额外增加的水、电、煤等资源，每头猪出栏增加 15～20 元	额外增加的水、电、煤等资源，每头猪出栏增加>20 元	额外增加资源，表现为粪污在收集、处理过程中需要用的水、电、煤等资源

表 4-6　水产养殖业评价指标标杆值及评分标准

指标	权重	指标分值					备注
		>90	80～90	70～80	60～70	<60	
D1 技术稳定性	0.071 1	池塘应用超 1 000 亩或工厂化养殖超 10 000 平方米，连续运行超过 5 年，运行良好	池塘应用超 500 亩或工厂化养殖超 5 000 平方米，连续运行 3～5 年，运行良好	池塘应用超 200 亩或工厂化养殖超 2 000 平方米，连续运行 1～3 年	有正在运行中的示范工程，暂时未推广	仅在试验中，还未进行示范	根据实际示范效果、推广应用和运行状况酌情打分

（续）

指标	权重	指标分值					备注
		>90	80～90	70～80	60～70	<60	
D2 生产影响率	0.060 4	无影响	对年产量减少率0～5%	对年产量减少率5%～10%	对年产量减少率10%～20%	对年产量减少率>20%	参照传统的养殖方式，该技术养殖年产量比较
D3 资源化利用率	0.048 6	尾水回用率>80%	尾水回用率60%～80%	尾水回用率40%～60%	尾水回用率20%～40%	尾水回用率<20%	
D4 运行管理难易	0.083 5	操作简单，每10 000 亩每年需增加 1 个人工	操作较简单，每5 000 亩每年需增加1 个人工	操作较简单，每2 000 亩每年需增加1 个人工	管理难度较大，每 1 000 亩每年需增加 1 个人工	管理难度大，每500 亩每年需增加 1 个人工	相对于传统的养殖模式，通过新技术需要增加的额外人工
D5 使用寿命	0.068 4	主要设施正常运行 8 年以上	主要设施正常运行 6～8 年	主要设施正常运行 4～6 年	主要设施可供正常运行 2～4 年	主要设施正常运行 2 年以下	废水处理过程中所建设的核心设施，一次性固定投资主体
D6 氮削减效果	0.082 6	尾水处理后满足（1）削减率 65%以上；（2）总氮<1.5 毫克/升	尾水处理后满足（1）削减率 50%～65%；（2）总氮 1.5～3.0 毫克/升	尾水处理后满足（1）削减率 35%～50%；（2）总氮 3.0～4.0 毫克/升	尾水处理后满足（1）削减率 20%～35%；（2）总氮 4.0～5.0 毫克/升	尾水处理后满足（1）削减率<20%；（2）总氮>5.0 毫克/升	从尾水源头到最终处理，出水水质稳定达到有效果

（续）

指标	权重	指标分值					备注
		>90	80～90	70～80	60～70	<60	
D7 磷削减效果	0.084 2	尾水处理后满足（1）削减率 65%以上；（2）总磷<0.2 毫克/升	尾水处理后满足（1）削减率 50%～65%；（2）总磷 0.2～0.5 毫克/升	尾水处理后满足（1）削减率 35%～50%；（2）总磷 0.5～1.0 毫克/升	尾水处理后满足（1）削减率 20%～35%；（2）总磷 1.0～1.5 毫克/升	尾水处理后满足（1）削减率<20%；（2）总磷>1.5 毫克/升	从尾水源头到最终处理，出水水质稳定达到有效果
D8 COD 削减效果	0.072 1	尾水处理后满足（1）削减 65%以上；（2）COD<10 毫克/升	尾水处理后满足（1）削减率 50%～65%；（2）COD 10～15 毫克/升	尾水处理后满足（1）削减率 35%～50%；（2）COD 15～20 毫克/升	尾水处理后满足（1）削减率 20%～35%；（2）COD 20～25 毫克/升	尾水处理后满足（1）削减率<20%；（2）COD>25 毫克/升	从尾源头到最终处理，出水水质稳定达到有效果
D9 二次污染	0.091 6	在处理过程中，没有额外的污染物排放，污染监测数据提升<1%	在处理过程中，有微量污染物的排放，污染监测数据提升 1%～2%	在处理过程中，有少量污染物的排放，污染监测数据提升 2%～3%	在处理过程中，有一定量污染物的排放，污染监测数据提升 3%～5%	在处理过程中，有显著污染物的排放，污染监测数据提升>5%	额外排放，包括臭气、粉尘或氨挥发等，额外增加能源产生的温室气体
D10 人体健康	0.080 4	工作环境中无额外的粉尘、臭气、噪声等	工作环境中有微量的粉尘、臭气、噪声等，但人体无不适感	工作环境中有少量的粉尘、臭气、噪声等，人体偶有不适感，但无需防护	工作环境中有明显的粉尘、臭气、噪声等，人体稍有不适感，需要简单的防护	工作环境中有明显的粉尘、臭气、噪声等，人体有不适感，需要防护	主要凭感官直接判断

（续）

指标	权重	指标分值					备注
		>90	80～90	70～80	60～70	<60	
D11 投资	0.051 0	投资额占养殖场总固定资产<2%	投资额占养殖场总固定资产 2%～5%	投资额占养殖场总固定资产 5%～10%	投资额占养殖场总固定资产 10%～15%	投资额占养殖场总固定资产>15%	固定资产包括养殖场内所有需要一次性投资的设施、设备和各种工程
D12 占地成本	0.042 8	处理占地面积占养殖场总面积百分比<5%	处理占地面积占养殖场总面积百分比 5%～8%	处理占地面积占养殖场总面积百分比 8%～10%	处理占地面积占养殖场总面积百分比 10%～12%	处理占地面积占养殖场总面积百分比>12%	
D13 运行费	0.048 4	<100 元/(吨鱼·年)	100～200 元/(吨鱼·年)	200～300 元/(吨鱼·年)	300～400 元/(吨鱼·年)	400～500 元/(吨鱼·年)	
D14 技术收益	0.058 8	技术应用后，经济收入>2 000 元/亩	技术应用后，经济收入 1 000～2 000 元/亩	技术应用后，经济收入 500～1 000 元/亩	技术应用后，经济收入 0～500 元/亩	技术应用后，无经济收入	尾水处理占地面积
D15 节约资源	0.049 9	每生产 1 吨鱼额外增加的水、电、煤等费用<100 元	每生产 1 吨鱼额外增加的水、电、煤等费用在 100～200 元	每生产 1 吨鱼额外增加的水、电、煤等费用在 200～300 元	每生产 1 吨鱼额外增加的水、电、煤等费用在 300～400 元	每生产 1 吨鱼额外增加的水、电、煤等费用>400 元	

表 4-7　农村生活污水收集技术评估指标权重

目标层	准则层	要素层	指标层	信息熵 EI	权重 PI
农村生活污水收集技术综合评价	A1 技术	B1 有效性	C1 适用条件	0.97	0.09
			C2 污水收集效果	0.98	0.06
		B2 可操作性	C3 施工难易度	0.97	0.08
			C4 运行维护难易度	0.96	0.12
		B3 可靠性	C5 使用寿命	0.99	0.03
		B4 推广应用程度	C6 示范工程数量	0.98	0.08
	A2 经济	B5 投资成本	C7 管材、土方费用	0.93	0.23
		B6 运行成本	C8 运行维护费用	0.96	0.13
	A3 环境	B7 环境风险	C9 有无二次污染	0.94	0.18

表 4-8　农村生活污水收集技术评估指标标杆值及评分标准

目标层	准则层	要素层	指标层	定量/定性	1分	2分	3分	4分	5分
农村生活污水收集技术综合评价	A1 技术	B1 有效性	C1 适用条件	定性	只能适用于特定地形、地势条件，适用条件差		对地形、地势条件要求较低		可适用于不同地形、地势条件，适用条件好
			C2 污水收集效果	定量	污水收集率低于80%	污水收集率80%～85%	污水收集率85%～90%	污水收集率90%～95%	污水收集率接近100%，当地排放污水能全部有效收集

（续）

目标层	准则层	要素层	指标层	定量/定性	1分	2分	3分	4分	5分
农村生活污水收集技术综合评价	A1 技术	B2 可操作性	C3 施工难易度	定性	施工工艺复杂，对施工条件要求高，施工周期长		施工工艺较复杂，对施工条件要求较低，施工周期较短		施工工艺成熟，对施工条件要求小，施工周期短
			C4 运行维护难易度	定性	管理困难，运行维护工作量大，人为调控频繁，仅能保持极短时间内自主稳定运行		管理难度一般，运行维护工作量中等，需要间歇人为调控，可保持较长时间自主稳定运行		管理简单，运行维护工作量小，日常不需要人为调控，可长期自主稳定运行
		B3 可靠性	C5 使用寿命	定量	配套的关键设施可供正常运行5年以下	配套的关键设施可供正常运行5～10年	配套的关键设施可供正常运行10～15年	配套的关键设施可供正常运行15～20年	配套的关键设施可供正常运行20年以上
		B4 推广应用程度	C6 示范工程数量	定量	无示范工程	有1个示范工程	有2个示范工程	有3个示范工程	有4个以上示范工程，或已推广应用

（续）

目标层	准则层	要素层	指标层	定量/定性	1分	2分	3分	4分	5分
农村生活污水收集技术综合评价	A2 经济	B5 投资成本	C7 管材、土方费用	定量	与传统重力收集系统相比，同等规模工程投资低，在10%以内	与传统重力收集系统相比，同等规模工程投资低，为10%～15%	与传统重力收集系统相比，同等规模工程投资低，为15%～20%	与传统重力收集系统相比，同等规模工程投资低，为20%～25%	与传统重力收集系统相比，同等规模工程投资低，在25%以上
		B6 运行成本	C8 运行维护费用	定量	与传统重力收集系统相比，同等规模运行维护费用高，在25%以上	与传统重力收集系统相比，同等规模运行维护费用高，为20%～25%	与传统重力收集系统相比，同等规模运行维护费用高，为15%～20%	与传统重力收集系统相比，同等规模运行维护费用高，为10%～15%	与传统重力收集系统相比，同等规模运行维护费用高，在10%以内
	A3 环境	B7 环境风险	C9 有无二次污染	定性	管道渗漏率、臭气、噪声等二次污染多		管道渗漏率、臭气、噪声等二次污染少		基本无二次污染

基于各项指标的标杆值，通过技术调研和专家咨询，确定各项技术的指标赋值情况如表 4-9 所示。

表 4-9　农村生活污水收集技术指标赋值

目标层	准则层	要素层	指标层	同线合建分流式复合排水管道系统	村落面源污染收集与处理技术	分散污水负压收集技术	新型真空排水技术	源分离新型排水模式技术	村落无序排放污水收集处理及氮、磷资源化利用技术
农村生活污水收集技术综合评价	A1 技术	B1 有效性	C1 适用条件	0.6	0.4	1	1	1	0.6
			C2 污水收集效果	0.6	0.6	1	1	1	0.6
		B2 可操作性	C3 施工难易度	0.4	0.6	1	1	1	0.8
			C4 运行维护难易度	0.8	1	0.6	0.4	0.4	1
		B3 可靠性	C5 使用寿命	1	1	1	1	1	0.6
		B4 推广应用程度	C6 示范工程数量	0.4	0.4	0.4	0.4	1	0.6
	A2 经济	B5 投资成本	C7 管材、土方费用	0.6	0.2	0.8	0.8	0.8	0.2
		B6 运行成本	C8 运行维护费用	1	1	0.6	0.4	0.4	1
	A3 环境	B7 环境风险	C9 有无二次污染	0.4	0.4	0.8	0.8	0.8	0.2

经过实地调研、问卷调研和专家咨询，农村生活污水处理技术评价指标体系共设计 4 个层次 12 个指标，主要从技术指标、环境指标、经济指标 3 个维

度进行综合评价。农村生活污水处理技术评价体系由目标层、准则层、指标层、分指标层构成。目标层为农村生活污水处理技术评价，即科学评价农村生活污水处理设施综合效益。准则层指标为技术指标、环境指标、经济指标。技术指标层由技术适用性、技术可靠性组成，环境指标层由污染减排、环境风险组成，经济指标层由技术成本、技术效益组成。指标层是对相应准则层的进一步细化，分指标层是对相应指标层的进一步描述，均是量化考评的重要依据。研究邀请了 7 名相关领域内的专家对各指标的相对重要性进行打分，基于层次分析法和群决策理论得到了各指标的权重（表 4－10）。

表 4－10　农村生活污水处理技术评价体系指标权重

<table>
<tr><td>目标层</td><td colspan="12">A 农村生活污水处理技术评价</td></tr>
<tr><td>准则层</td><td colspan="3">B1 技术指标</td><td colspan="5">B2 环境指标</td><td colspan="4">B3 经济指标</td></tr>
<tr><td>准则层权重</td><td colspan="3">0.325 4</td><td colspan="5">0.459 7</td><td colspan="4">0.214 9</td></tr>
<tr><td>指标层</td><td colspan="2">C1
技术适用性</td><td>C2
技术可靠性</td><td colspan="3">C3
污染减排</td><td colspan="2">C4
环境风险</td><td colspan="2">C5
技术成本</td><td colspan="2">C6
技术效益</td></tr>
<tr><td>分指标层</td><td>D1
运行管理难易度</td><td>D2
使用寿命</td><td>—</td><td>D3
氮削减效果</td><td>D4
磷削减效果</td><td>D5
COD 削减效果</td><td>D6
氨氮削减效果</td><td>—</td><td>D7
投资</td><td>D8
占地面积</td><td>D9
运行费用</td><td>—</td></tr>
<tr><td>指标权重</td><td>0.060 9</td><td>0.183 5</td><td>0.081 1</td><td>0.068 4</td><td>0.079 8</td><td>0.078 0</td><td>0.118 9</td><td>0.114 5</td><td>0.069 4</td><td>0.021 8</td><td>0.070 1</td><td>0.053 5</td></tr>
</table>

根据权重计算结果，在准则层中（B），环境指标准则层的权重最大，经济指标准则层的权重最小。这表明在农村生活污水处理技术评价中，环境相关指标的重要性最为突出。指标权重即为 12 个指标相对于目标层的总权重，结果表明，总体上各指标权重的分配较为合理，其中使用寿命（D2）的权重最高，其次是环境风险（C4），权重最小的指标为占地面积（D8）。

农村生活污水处理技术评价体系的指标赋分由标杆分析法确定。在开展技术评估前，需要对 12 个指标确定标杆值，以方便专家对技术进行评估，经过专家讨论和研究，评价指标标杆值及评分标准见表 4－11。

表 4-11　农村生活污水处理技术评价指标标杆值及评分标准

指标	权重	指标分值					备注
		>90	80～90	70～80	60～70	<60	
D1 运行管理难易度	0.060 9	管理简单，运行维护工作量小，日常不需要人为调控，可长期（1 个月）自主稳定运行	管理较简单，运行维护工作量较小，基本不需要人为调控，可中长期（2 周至 1 个月）保持自主稳定运行	管理难度一般，运行维护工作量中等，需要间歇人为调控，可中短期（1～2 周）保持自主稳定运行	管理较困难，运行维护工作量较大，需要经常人为调控，仅能保持短期（1 周）自主稳定运行	管理困难，运行维护工作量极大，人为调控频繁，仅能保持极短时间内（<1 周）自主稳定运行	该指标主要体现在站点的日常运行维护工作量以及运行维护频次上
D2 使用寿命	0.183 5	技术配套的关键设施设备可供正常运行 10 年以上	技术配套的关键设施设备可供正常运行 8～10 年	技术配套的关键设施设备可供正常运行 5～8 年	技术配套的关键设施设备可供正常运行 3～5 年	技术配套的关键设施设备可供正常运行 3 年以下	技术配套的关键设施设备指农村生活污水治理过程中体现核心技术的设施设备，属于一次性固定投资主体
C2 技术可靠性	0.081 1	（1）市场成熟度高，有运行超过 5 年的企业，运行良好；（2）有成熟的技术保障和支撑，有稳定运行的示范工程；（3）技术就绪度达到 9	（1）市场成熟度较高，有运行 3～5 年企业，运行良好；（2）有较成熟的技术保障和支撑，有较稳定运行的示范工程；（3）技术就绪度达到 8	（1）有一定的市场，有运行 1～3 年的示范，有少量推广；（2）处于技术示范阶段，有较为充足的运行数据保障；（3）技术就绪度达到 7	（1）有正在运行中的示范工程，暂时未推广；（2）技术就绪度达到 6	（1）仅在试验中，还未进行示范；（2）技术就绪度在 5 及以下	（1）（2）（3）任意达到即视为满足，专家根据地区推广规模、市场占有率和实际运行状况酌情加减分

（续）

指标	权重	指标分值					备注
		>90	80～90	70～80	60～70	<60	
D3 氮削减效果	0.068 4	农村生活污水处理后满足（1）削减95%以上；（2）最终<15毫克/升；（3）削减效率提升>50%	农村生活污水处理后满足（1）削减90%～95%；（2）最终15～20毫克/升；（3）削减效率30%～50%	农村生活污水处理后满足（1）削减80%～90%；（2）最终20～25毫克/升；（3）削减效率20%～30%	农村生活污水处理后满足（1）削减70%～80%；（2）最终25～30毫克/升；（3）削减效率10%～20%	农村生活污水处理后满足（1）削减<70%；（2）最终>30毫克/升；（3）削减效率<10%	满足条件之一，其中（1）（2）指从污水源头到最终处理效果，（3）指在处理全环节或某个环节应用技术后相对于原先的提升效率
D4 磷削减效果	0.079 8	农村生活污水处理后满足（1）削减95%以上；（2）最终<0.5毫克/升；（3）削减效率提升>50%	农村生活污水处理后满足（1）削减90%～95%；（2）最终0.5～1毫克/升；（3）削减效率30%～50%	农村生活污水处理后满足（1）削减80%～90%；（2）最终1～2毫克/升；（3）削减效率20%～30%	农村生活污水处理后满足（1）削减70%～80%；（2）最终2～5毫克/升；（3）削减效率10%～20%	农村生活污水处理后满足（1）削减<70%；（2）最终>5毫克/升；（3）削减效率<10%	满足条件之一，其中（1）（2）指从污水源头到最终处理效果，（3）指在处理全环节或某个环节应用技术后相对于原先的提升效率
D5 COD削减效果	0.078 0	农村生活污水处理后满足（1）削减95%以上；（2）最终<50毫克/升；（3）削减效率提升>50%	农村生活污水处理后满足（1）削减90%～95%；（2）最终50～75毫克/升；（3）削减效率30%～50%	农村生活污水处理后满足（1）削减80%～90%；（2）最终75～100毫克/升；（3）削减效率20%～30%	农村生活污水处理后满足（1）削减70%～80%；（2）最终100～150毫克/升；（3）削减效率10%～20%	农村生活污水处理后满足（1）削减<70%；（2）最终>150毫克/升；（3）削减效率<10%	满足条件之一，其中（1）（2）指从污水源头到最终处理效果，（3）指在处理全环节或某个环节应用技术后相对于原先的提升效率

（续）

指标	权重	指标分值					备注
		>90	80～90	70～80	60～70	<60	
D6 氨氮削减效果	0.118 9	农村生活污水处理后满足（1）削减95%以上；（2）最终<8毫克/升；（3）削减效率提升>50%	农村生活污水处理后满足（1）削减90%～95%；（2）最终8～15毫克/升；（3）削减效率30%～50%	农村生活污水处理后满足（1）削减80%～90%；（2）最终15～25毫克/升；（3）削减效率20%～30%	农村生活污水处理后满足（1）削减70%～80%；（2）最终25～30毫克/升；（3）削减效率10%～20%	农村生活污水处理后满足（1）削减<70%；（2）最终>30毫克/升；（3）削减效率<10%	满足条件之一，其中（1）（2）指从污水源头到最终处理效果，（3）指在处理全环节或某个环节应用技术后相对于原先的提升效率
C4 环境风险	0.114 5	在处理过程中，没有额外的污染物排放，污染监测数据提升<2%	在处理过程中，有微量污染物的排放，污染监测数据提升2%～5%	在处理过程中，有少量污染物的排放，污染监测数据提升5%～10%	在处理过程中，有一定量污染物的排放，污染监测数据提升10%～20%	在处理过程中，有显著污染物的排放，污染监测数据提升>20%	设施运行产生的额外排放，包括臭气、噪声、额外增加能源产生的温室气体等，会对环境造成二次污染
D7 投资	0.069 4	工艺平均吨水基建投资≤2 000元	2 000元<工艺平均吨水基建投资≤4 000元	4 000元<工艺平均吨水基建投资≤6 000元	6 000元<工艺平均吨水基建投资≤8 000元	工艺平均吨水基建投资>8 000元	吨水基建投资=点位总投资（设备费+材料费+人工费）/设施点位的处理规模，因不同地区工艺推广应用的基建投资不同，取其平均吨水基建投资

（续）

指标	权重	指标分值					备注
		>90	80～90	70～80	60～70	<60	
D8 占地面积	0.021 8	工艺平均吨水占地面积≤1立方米	1立方米<工艺平均吨水占地面积≤2立方米	2立方米<工艺平均吨水占地面积≤4立方米	4立方米<工艺平均吨水占地面积≤6立方米	工艺平均吨水占地面积>6立方米	占地面积指站点工艺部分的面积，不包括其他绿植、草坪等空地
D9 运行费用	0.070 1	工艺平均吨水运行费用≤0.25元	0.25元<工艺平均吨水运行费用≤0.5元	0.5元<工艺平均吨水运行费用≤0.75元	0.75元<工艺平均吨水运行费用≤1.0元	工艺平均吨水运行费用>1.0元	吨水运行费用=点位总运行费用（固定成本+电费+折旧费）/点位的处理规模，因不同地区日常运行费用存在差异，取其平均吨水基建投资
C6 技术效益	0.053 5	技术应用后，无追加环保投入，且有一定的经济收益，无能耗	技术应用后，无经济收益，也无追加环保投入，能耗较少，电能消耗低于0.2元/(吨·天)	技术应用后，无经济收益，也无追加环保投入，能耗中等，电能消耗0.2～0.4元/(吨·天)	技术应用后，无经济收益，也无追加环保投入，能耗较高，电能消耗0.4～0.8元/(吨·天)	技术应用后，无经济收益，也无追加环保投入，能耗很高，电能消耗高于0.8元/(吨·天)	农村污水治理往往具有公共产品属性，很少有直接的经济效益产生，所以只能通过分析经济条件来确定效益

■ 第二节　技术就绪度评估

一、评估结果

通过技术就绪水平（TRL）应用基本的分级原理，把一类技术或项目，按一定的原则制定分级标准，使此类技术或项目都可以按照所处阶段的不同，对应到各级别，量化区分每一个技术或项目的成熟程度。技术就绪水平的应用，从低级别到高级别，每升高一级标志着技术项目的日趋成熟。技术就绪水平的量表制定需要根据不同类别的科研项目的具体情况具体编制，具有普遍适用性和个案特殊性。

就绪度指标的得出需要就绪度评价标准，该标准需要通过行业内专家和应用人员多次商讨得到，经过多次专家讨论和论证，最终形成了农业面源污染控制技术就绪度的级别划分标准。不同等级技术就绪度有着不同的要求，技术就绪度越高，对技术的推广要求越高。例如，通过形成技术示范，并通过可行性论证才能达到5级，通过技术工程示范才能达到6级；只有形成规范化与标准化，才能达到8级。一般认为，只有达到5级以上，才能表明该技术具有可行性。

（一）种植业氮、磷全过程控制技术评估结果

通过对科研材料、产出和工程运行概况等因素的评价，根据技术就绪度指标，对产出的各项技术进行技术就绪度评价，得出47项技术的技术就绪度，结果见表4-12。

表4-12　种植业氮、磷全过程控制技术就绪度评价结果

序号	技术名称	技术就绪度
1	基于农田养分控流失产品应用为主体的农田氮、磷流失污染控制技术	8
2	农业结构调整下新型都市农业面源污染综合控制技术	6
3	富磷区面源污染仿肾型收集与再削减技术	6
4	农田排水污染物三段式全过程拦截净化技术	7
5	生态沟渠技术	6
6	湖滨带陆向农业生产区污染控制技术	6
7	坡地农田植被隔离带定量化应用技术	5
8	截土保水抗旱丰产沟植物篱技术	6

（续）

序号	技术名称	技术就绪度
9	沟-渠-塘系统净化技术	4
10	新型都市农业面源污染零排放技术	5
11	农田废弃物低成本综合处置技术	6
12	坡耕地雨水集蓄及高效利用技术	5
13	规模化果园面源污染防治集成技术	8
14	大面积连片、多类型种植业镶嵌的农田面源控污减排技术	7
15	“源头减量-过程阻断-养分循环利用-生态修复”的4R技术体系	7
16	三峡库区及其上游流域轮作农田（地）、柑橘园面源污染防控技术	7
17	氮肥后移施用技术	6
18	水稻控释肥育秧箱全量施肥技术	6
19	农业主产区大田作物氮、磷减量控制栽培技术	7
20	基于水稻专用缓控释肥与插秧施肥一体化稻田氮、磷投入减量关键技术	8
21	水稻缓释肥侧条施肥技术	7
22	水稻施肥插秧一体化技术	8
23	基于稻作制农田消纳的氮、磷污染阻控技术	7
24	农田退水污染控制技术	5
25	农业退水污染防控生态沟渠系统及构建方法	6
26	生态农田构建技术	6
27	稻田生态阻控沟渠与退水循环利用技术集成	6
28	河口区稻田生态系统面源污染控制与水质改善技术	6
29	基于耕层土壤水库及养分库扩蓄增容基础上的农田增效减负技术	7
30	坡耕地种植结构与肥料结构调控技术	6
31	基于硝化抑制剂-水肥一体化耦合的蔬菜氮、磷投入减量关键技术	7
32	水源区坡地中药材生态种植及氮、磷负荷削减集成技术	8
33	都市果园低污少排放集成技术	6
34	分区限量施肥技术	6
35	露地农田宽畦全膜覆盖蔬菜种植技术	6
36	大蒜低污染种植模式技术	5
37	农田土壤以碳控氮技术	6
38	生物炭基肥料开发利用与施用技术	6
39	植物篱埂垄向区田水土氮、磷保持农作技术	6

（续）

序号	技术名称	技术就绪度
40	基于行间生草耦合树盘覆盖的果园氮、磷投入减量关键技术	7
41	坡耕地土壤氮、磷截留与流失阻控的复合植物篱防控技术	6
42	农田径流人工快速渗滤池技术	4
43	以农户为单元田-沟-潭水肥循环利用技术体系	4
44	基于总量削减-盈余回收-流失阻断的菜地氮、磷污染综合控制技术	7
45	湖滨区设施农业集水区内面源污染防控技术	7
46	都市苗圃降污少排放集成技术	5
47	茶叶、柑橘等特色生态作物肥药减量化和退水污染负荷削减技术	8

1. 支撑技术点　水专项启动初期，支撑技术点的技术就绪度在1～5级，其数量占比分别为4%、28%、53%、9%和6%，大部分未实现示范应用。通过水专项研究与示范，技术就绪度达到4～8级，占比分别为2%、15%、45%、25%和13%。技术就绪度大于等于6级、7级、8级的支撑技术点分别占到83%、38%和13%（图4-1），技术就绪度提升1～6级的分别占6%、13%、30%、34%、13%和4%。

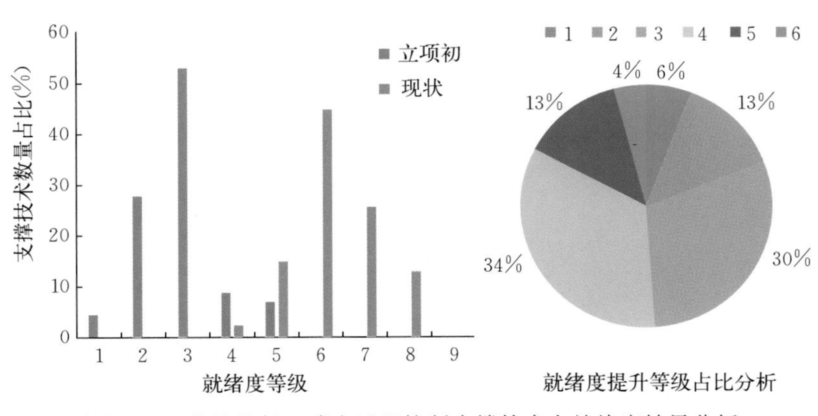

图4-1　种植业氮、磷全过程控制支撑技术点就绪度结果分析

2. 技术环节　种植业氮、磷全过程控制技术包括氮、磷污染控制通用技术，稻田污染控制技术，麦-玉污染控制技术和菜地果园污染控制技术4个技术环节，技术就绪度分析结果如图4-2所示。水专项启动初期，4类关键技术的就绪度分别停留在2～4级、1～3级、2～3级和2～3级，经过水专项研究，4类关键技术中的大部分技术就绪度提升至6～7级。

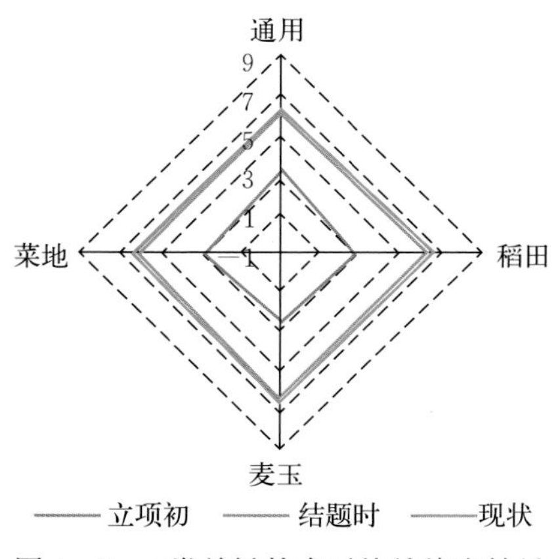

图 4-2　4 类关键技术平均就绪度结果

3. 技术系列　种植业氮、磷全过程控制技术系列在专项启动初期平均就绪度为 3 级，项目结题时和“十三五”末的平均就绪度均为 7 级。

（二）养殖业污染控制技术评估结果

通过技术就绪水平（TRL）应用基本的分级原理，把一类技术或项目，按一定的原则制定分级标准，使此类技术或项目都可以按照所处阶段的不同，对应到各级别，量化区分每一个技术或项目的成熟程度。技术就绪水平的应用，从低级别到高级别，每升高一级标志着技术项目的日趋成熟。技术就绪水平的量表制定需要根据不同类别的科研项目的具体情况编制，具有普遍适用性和个案特殊性。

就绪度指标的得出需要就绪度评价标准，该标准需要通过行业内专家和应用人员多次商讨得到，经过多次专家讨论和论证，最终形成了畜禽养殖业污染控制技术就绪度的级别划分标准（表 4-13）和水产养殖业污染控制技术就绪度的级别划分标准（表 4-14）。

表 4-13　畜禽养殖业污染控制技术就绪度的级别划分标准

<table>
<tr><th rowspan="2">等级</th><th rowspan="2">等级描述</th><th colspan="3">等级评价标准</th><th rowspan="2">评价依据
（成果形式）</th></tr>
<tr><th>技术参数</th><th>推广应用状况</th><th>用户评价</th></tr>
<tr><td>1</td><td>基础技术研究</td><td colspan="3">已收集与技术内容相关的基础资料、文献和已有数据的分析等</td><td>需求分析及技术基本原理报告</td></tr>
<tr><td>2</td><td>形成技术方案</td><td colspan="3">应用该技术的软硬件条件已经具备</td><td>技术方案、实施方案</td></tr>
</table>

（续）

等级	等级描述	等级评价标准			评价依据（成果形式）
		技术参数	推广应用状况	用户评价	
3	试验性能通过小试验证确定	已完成试验室规模的小试研究及应用该技术小试研究的效果评价			小试研究总结报告
4	通过中试验证	在小试的基础上，验证放大规模后关键技术的可行性，为工程应用提供数据			中试研究总结报告
5	形成技术示范，并通过可行性论证	废弃物资源化利用率 90%以上；污染负荷削减 98%以上	养殖规模 50～500 头当量猪（年存栏数）	用户满意度 70%以上	专家评估意见及用户评估报告
6	通过技术工程示范	废弃物资源化利用率 95%以上；污染负荷削减 100%	累计养殖规模 500～5 000 头当量猪、单户不低于 500 头当量猪（年存栏数）	用户满意度 65%以上	第三方评估报告
7	通过第三方评估或用户验证认可	废弃物资源化利用率 95%以上；污染负荷削减 100%	累计养殖规模 5 000～30 000 头当量猪、单户不低于 1 000头当量猪（年存栏数）	用户满意度 60%以上	用户证明及管理部门组织的专家论证
8	规范化与标准化	累计养殖规模 30 000～100 000 头当量猪（年存栏数）的推广应用，资源化利用率 95%以上，取得相关产品证书，并形成标准规范或指南导则			成果鉴定报告、技术指南、规范或导则
9	得到推广应用	在 3 个以上县域推广应用，累计推广养殖规模不少于 60 万头当量猪（年存栏数）或资源化利用率 95%以上			推广应用证明或其他文件

表 4－14　水产养殖业污染控制技术就绪度的级别划分标准

等级	等级描述	等级评价标准	评价依据（成果形式）
1	基础技术研究	已收集与技术内容相关的基础资料、文献和已有数据的分析等	需求分析及技术基本原理报告

（续）

等级	等级描述	等级评价标准			评价依据（成果形式）
2	形成技术方案	应用该技术的软硬件条件已经具备			技术方案、实施方案
3	试验性能通过小试验证确定	已完成试验室规模的小试研究及应用该技术小试研究的效果评价			小试研究总结报告
4	通过中试验证	在小试的基础上，验证放大规模后关键技术的可行性，为工程应用提供数据			中试研究总结报告
5	形成技术示范，并通过可行性论证	累计池塘养殖规模100亩或设施化养殖1 000平方米及以下	总氮、总磷、COD污染负荷削减率不低于35%	技术方案等通过可行性论证或验证（专家论证等手段）	专家论证意见或可行性论证报告等
6	通过技术工程示范	累计池塘养殖规模100～500亩，或设施化养殖1 000～5 000平方米	总氮、总磷、COD污染负荷削减率不低于30%	关键技术、参数、功能在示范企业、流域示范区中开展示范并达标	技术示范/工程示范报告、专利、软件著作权
7	通过第三方评估或用户验证认可	累计池塘养殖规模500～5 000亩，或设施化养殖0.5万～5万平方米	总氮、总磷、COD污染负荷削减率不低于25%	通过对应规模示范工程的第三方评估或用户认可	第三方评估报告、示范工程依托单位效益证明
8	规范化与标准化	累计池塘养殖规模5 000～50 000亩，或设施化养殖5万～50万平方米的推广示范，总氮、总磷、COD污染负荷削减率不低于20%，并形成标准规范或指南导则			成果鉴定报告、技术指南、规范或导则
9	得到推广应用	在3个以上流域得到推广应用，累计推广池塘养殖规模不少于10万亩，或设施化养殖100万平方米，技术应用覆盖率达到示范区域或流域范围的80%			推广应用证明或其他文件

通过对科研材料、产出和工程运行概况等评价，根据表4-13、表4-14的技术就绪度指标，对产出的各项技术进行立项初、项目验收和现状技术就绪度评价，得出39项技术的技术就绪度，结果见表4-15。

表 4 - 15 养殖业污染控制技术就绪度评估结果

序号	编号	技术名称	技术就绪度		
			立项初	项目验收	现状
1	ZJ32121 - 01	畜禽粪便和养殖有机垃圾厌氧消化过程消除抑制技术	2	5	5
2	ZJ32121 - 02	粪便无害化快速堆肥与污水深度净化组合处理技术	2	8	8
3	ZJ32121 - 03	利用好氧发酵设备处理畜禽粪便技术	2	5	5
4	ZJ32121 - 04	预处理十干式厌氧消化技术	2	3	5
5	ZJ32121 - 05	强化干式厌氧消化技术	2	4	5
6	ZJ32121 - 06	农业废弃物清洁制备活性炭技术	2	7	7
7	ZJ32121 - 07	畜禽粪便二段式好氧堆肥技术	2	7	7
8	ZJ32122 - 01	畜禽养殖废水碳源碱度自平衡碳、氮、磷协同处理技术	2	6	7
9	ZJ32122 - 02	好氧单级自养脱氮填埋场渗滤液减质减量技术	2	5	6
10	ZJ32122 - 03	规模化猪场废水高效低耗脱氮除磷提标处理技术	2	6	7
11	ZJ32123 - 01	畜禽养殖业氮、磷减量控制技术	2	6	7
12	ZJ32123 - 02	养殖废水原位生物治理技术	3	5	5
13	ZJ32124 - 01	畜禽养殖粪污沼气发酵物料预处理菌剂及沼气反应器	3	5	6
14	ZJ32124 - 02	畜禽废弃物低能耗高效厌氧处理关键技术	1	3	5
15	ZJ32125 - 01	东北寒冷地区畜禽养殖污染系统控制技术	3	8	8
16	ZJ32125 - 02	辽河源头区农村面源污染防治技术	2	5	6
17	ZJ32131 - 01	畜禽养殖废弃物异位微生物发酵床处理与资源化利用技术	2	8	8
18	ZJ32131 - 02	养殖废弃物高效堆肥复合微生物菌剂及功能有机肥生产技术	2	7	8
19	ZJ32131 - 03	有机肥生产技术	2	7	8
20	ZJ32131 - 04	有机废弃物卧式干式厌氧发酵技术	2	4	5
21	ZJ32131 - 05	畜禽养殖废弃物立式厌氧干发酵技术	2	3	4
22	ZJ32131 - 06	发酵床垫料制有机肥	2	5	7
23	ZJ32133 - 01	固体废弃物基质化利用技术	2	6	7
24	ZJ32133 - 02	发酵床垫料及沼渣有机肥配方技术	2	5	7
25	ZJ32135 - 01	高浓度有机污水制备生物基醇	1	6	7
26	ZJ32212 - 01	新型饮水器和两坡段干湿分离养猪生产污水削减技术	2	6	7
27	ZJ32215 - 01	基于无害化微生物发酵床的养殖废弃物全循环技术	2	8	9
28	ZJ32215 - 02	规模化以下移动式生态养殖（养猪）技术	4	7	7
29	ZJ32221 - 01	奶牛粪便快速干燥堆肥技术	2	4	5

（续）

序号	编号	技术名称	技术就绪度		
			立项初	项目验收	现状
30	ZJ32223-01	高密度养殖区水源保护组合处理技术	2	6	6
31	ZJ32225-01	山地果畜结合区面源污染控制技术	2	5	6
32	ZJ32225-02	畜禽养殖与生态种植相结合的山地种养平衡低排放技术	3	7	8
33	ZJ32313-01	水产养殖膜生物法水质净化技术	1	3	5
34	ZJ32314-01	水产养殖污染物削减技术	3	4	7
35	ZJ32314-02	食性差异与空间互补的水产混养技术	3	6	7
36	ZJ32321-01	湖滨区水产养殖污染零排放的污染控制技术	3	4	5
37	ZJ32321-02	温室甲鱼废水生态净化处理成套技术	4	7	7
38	ZJ32322-01	养殖水序批式置换循环生态处理与再利用技术	3	4	6
39	ZJ32322-02	河口湿地养殖水体污染的物理-生物联合阻控与水质改善技术	3	7	7

水专项课题立项初，支撑技术点的技术就绪度在1～4级，其数量占比分别为2.56%、64.10%、23.08%和10.26%，绝大部分技术处于发现机理或通过小试验证的阶段，还未通过中试验证和实现工程应用。通过水专项的技术研究和应用提升（图4-3），当前技术就绪度提升2级的占7.69%，提升3级的占25.64%，提升4级的占23.08%，提升5级的占28.21%，提升6级的占12.82%，提升7级的占2.56%。

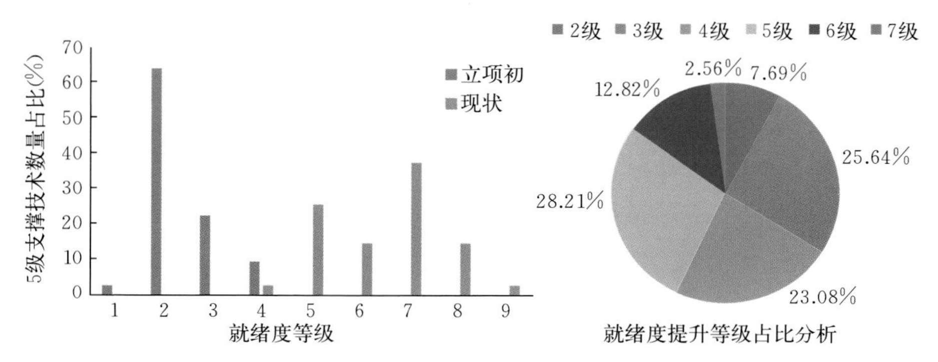

图4-3　养殖业污染控制支撑技术点就绪度评估结果分析

项目验收阶段，支撑技术点的技术就绪度在3～8级，其数量占比分别为10.26%、15.38%、23.08%、20.51%、20.51%和10.26%，技术就绪度大于等于 6 的支撑技术点占到 51.28%。现阶段，支撑技术点的技术就绪度在 4～9 级，其数量占比分别为 2.56%、25.64%、15.38%、38.46%、15.38%和 2.56%。技术就绪度大于等于 6 级、7 级、8 级、9 级的支撑技术点分别占到 71.79%、56.41%、17.95%和 2.56%，即 71.79%以上的技术建立了示范工程，并有示范工程报告，56.41%建立了示范工程并通过了第三方评估，17.95%的技术实现了推广应用，2.56%的技术实现了大规模推广应用或建立了标准规范。根据立项前到项目完成后就绪度提升占比分析，就绪度提升 2～7 级的分别占比 2.56%、7.69%、25.64%、23.08%、28.21%和 12.82%。

养殖业污染控制技术系列总结形成的 3 项关键技术，分别为畜禽养殖污染控制通用技术、畜禽养殖污染控制专用技术、水产养殖污染控制技术，对其就绪度进行评估，结果如图 4-4 所示。可以看出 3 项关键技术立项初就绪度在 2～3 级，经过水专项研究，技术就绪度提升至 7～8 级。

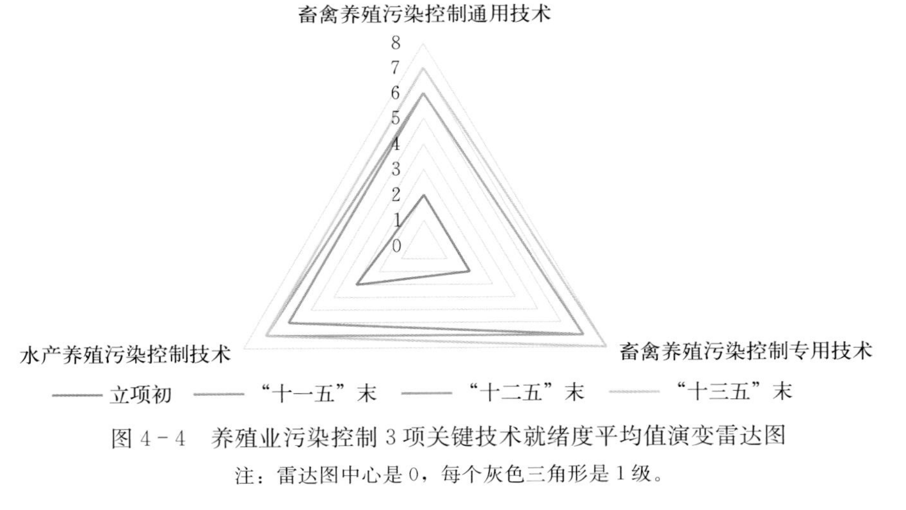

图 4-4 养殖业污染控制 3 项关键技术就绪度平均值演变雷达图

注：雷达图中心是 0，每个灰色三角形是 1 级。

（三）农村生活污水治理技术评估结果

对水专项报告进行认真分析，收集了水专项 2007 年立项以来到 2018 年底，各面源课题报道的有关农村生活污水污治理的相关技术 40 项。其中，处理技术和资源化利用技术 35 项、收集技术 5 项，收集技术的评估方法不同于处理技术，因此单独评估。根据农村生活污水治理技术就绪度的级别划分标准（表 4-16），农村生活污水治理技术与其对应的技术就绪度如表 4-17 所示。

表 4-16　农村生活污水治理技术就绪度的级别划分标准

等级	等级描述	等级评价标准			评价依据（成果形式）
1	基础技术研究	已收集与技术内容相关的基础资料、文献和已有数据的分析等			需求分析及技术基本原理报告
2	形成技术方案	应用该技术的软硬件条件已经具备			技术方案、实施方案
3	试验性能通过小试验证确定	已完成试验室规模的小试研究及应用该技术小试研究的效果评价			小试研究总结报告
4	通过中试验证	在小试的基础上，验证放大规模后关键技术的可行性，为工程应用提供数据			中试研究总结报告
5	形成技术示范，并通过可行性论证	累计农村人口规模不少于500人	单工程处理生活污水量不低于5立方米/天，处理生活垃圾不低于0.05吨/天；出水水质不低于一级B标准要求	技术方案等通过可行性论证或验证（专家论证等手段）	论证意见或可行性论证报告等
6	通过技术工程示范	累计农村人口规模不少于5 000人	单工程处理生活污水量不低于10立方米/天，处理生活垃圾量0.1吨/天；出水水质不低于一级B标准要求	关键技术、参数、功能在示范企业、流域示范区中开展示范并达标	技术示范/工程示范报告、专利、软件著作权
7	通过第三方评估或用户验证认可	累计农村人口规模不少于20 000人	单工程处理生活污水量不低于10立方米/天，处理生活垃圾量不低于0.1吨/天；出水水质不低于一级B标准要求	通过对应规模示范工程的第三方评估或用户试用认可	第三方评估报告、示范工程依托单位效益证明
8	规范化与标准化	累计进行农村人口规模不少于10万人的推广示范（单工程处理生活污水量不低于10立方米/天，处理生活垃圾量不低于0.1吨/天，出水水质不低于一级B标准要求），技术应用覆盖率达到示范区域或流域范围的20%，并形成标准规范或指南导则			成果鉴定报告、技术指南、规范或导则
9	得到推广应用	在其他3个以上县域流域开展大规模推广应用，累计不少于30万人规模的推广应用（出水水质不低于一级B标准要求），技术应用覆盖率达到示范区域或流域范围的20%			推广应用证明或其他文件

表 4-17　农村生活污水治理技术就绪度评估结果

序号	技术名称	技术就绪度
1	厌氧滤池＋太阳能曝气生物接触氧化技术	5
2	高效回用小型一体化污水处理技术	7
3	立体循环一体化氧化沟技术	5
4	FMBR 兼氧膜生物反应器技术	9
5	矿化垃圾填料处理农村生活污水技术	5
6	农村生活污水自充氧层叠生态滤床处理技术	7
7	基于坑塘的农村非点源污染控制技术	5
8	农村生活污水三级塘生物生态处理强化技术	5
9	人工快渗一体化净化技术	7
10	基于耐冷菌低温生物强化的污水处理设施冬季稳定运行关键技术	3
11	村镇污水生态处理与梯级利用技术	6
12	厌氧滤井＋人工湿地处理农村生活污水技术	5
13	“基质＋菌剂＋植物＋水力”人工湿地四重协同净化技术	7
14	清水养护区污染控制技术	7
15	农村污水改良型复合介质生物滤器处理技术	9
16	功能强化型生化处理＋阶式生物生态氧化塘集中型村落污水组合处理技术	8
17	集约式污水生态处理系统	5
18	农村居民聚居区混合排水深度处理成套技术	6
19	分散厌氧-人工活性土集中式原位处理技术	6
20	北方农村生活面源氨氮污染全过程控制成套技术	4
21	适于寒冷地区生活污水处理的小型人工湿地技术	3
22	高效低成本农村生活污水处理技术	5
23	多重人工强化生态缓冲带污染削减技术	7
24	农村生活污水厌氧＋跌水曝气人工湿地处理技术	8
25	村落无序排放污水收集处理及氮、磷资源化利用技术	8
26	寒冷地区农村杂排水处理与循环利用技术	5
27	农村生活污水营养供体利用型处理技术	6
28	高效生物生态景观联动处理技术	5
29	中部平原地区典型农村生活污水资源化利用技术	6
30	寒冷地区分散污水垃圾堆肥一体化处理	3
31	生活垃圾与生活污水共处置新型沼气池技术	5
32	村镇污水 UniFed SBR 高效处理技术	4
33	快滤模块-植物生物氧化沟-塘-人工湿地集成技术	5

（续）

序号	技术名称	技术就绪度
34	农村库泊型水源污染控制模式与适用技术（厌氧消化＋人工湿地）	6
35	同线合建分流式复合排水管道系统	5
36	分散污水负压收集技术	6
37	新型真空排水技术	7
38	源分离新型排水模式技术	6
39	农村生活污水反硝化脱臭＋水车驱动生物转盘＋浸润度可控型潜流人工湿地处理技术	7
40	基于竹纤维填料的生活污水除磷脱氮一体化装置	6

（四）农业农村管理技术评估结果

农业农村管理领域共筛选出农业生产污染控制管理、农村生活污染控制管理、农业清洁小流域综合污染控制管理 3 个技术方向共 9 项单项管理技术。由于管理技术主要考查技术的应用效果及对政策管理的支撑作用，并无类似治理技术的一致性较强的技术、经济、环境指标，且 9 项技术针对的目标需求、应用领域各不相同，采用定性分析方法较为合理。为了对技术的完善程度、推广应用效果进行相对客观的比较分析，在定量分析的基础上，技术评估采用定性分析与定量分析相结合的评估分析方法。

基于定性分析与定量分析相结合的评估分析方法，参照《水专项技术就绪度（TRL）评价准则》，技术评估针对 9 项管理技术统一采用如图 4－5 所示的总体框架进行评估分析，用以获取农业农村管理技术的研发和应用现状的评估分析结果，结合技术与相应领域的政策衔接情况，对技术应用前景作出分析与展望。

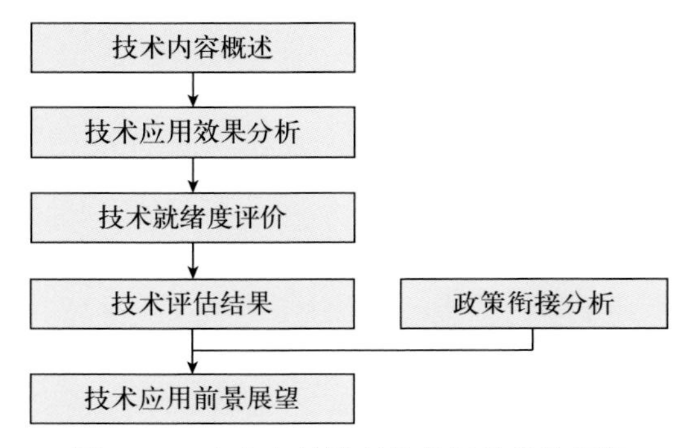

图 4－5　农业农村管理技术评估总体框架

根据9项农业农村管理技术的内容介绍、技术示范效果、技术推广应用状况分析及技术就绪度分析结果，对9项技术进行综合排序见表4-18。

表4-18 农业农村管理技术评估分析结果

技术名称	技术就绪度自评结果	技术评估分析结果
分散式污水处理“远程监控+流动4S站”的运行维护管理模式	9	9
地下水-地表水氮污染补排识别与优控管理技术	7	8
洱海流域生态环境综合管理平台	7	8
畜禽养殖全过程污染控制技术和管理体系	7	7
洱海流域结构控污与生态文明技术体系集成	7	7
测土配方短信支持系统	7	7
基于GIS-PDA的测土配方施肥查询系统V1.0	7	7
典型集水区域特征痕量有机污染物水质风险评估与预测技术	6	6
都市农业面源污染智能化服务平台技术	6	6

分散式污水处理“远程监控+流动4S站”的运行维护管理模式，随着FMBR膜技术处理器的业务化应用获得广泛推广应用，已实现业务化运行，技术评估结果为9级，技术应用前景较好。

地下水-地表水氮污染补排识别与优控管理技术通过了第三方用户证明可行，入选2019年国家先进污染防治技术目录，技术得到了推广，技术评估结果定为8级，有进一步研发及推广应用的空间。

洱海流域生态环境综合管理平台通过了第三方评估，并已在大理白族自治州洱海流域保护局实现业务化运行，部分技术内容在鄱阳湖流域有了推广应用，技术评估结果可暂定为8级，有进一步研发及推广应用的空间。

畜禽养殖全过程污染控制技术和管理体系、洱海流域结构控污与生态文明技术体系集成2项技术均通过了示范工程验证，第三方用户证明可行，部分核心技术及相关政策建议也得到了地方政府的推广与应用，但技术并未得到整体标准化与规范化应用，故技术评估保持为7级，有进一步研发的空间。

测土配方短信支持系统和基于GIS-PDA的测土配方施肥查询系统V1.0这2项技术得到了地方政府的认可与应用，证明可行，技术就绪度为7级。但随着互联网技术的发展，这 2 项技术基本被微信公众服务平台等更新的技术所替代，进一步研发及应用的空间较小。

典型集水区域特征痕量有机污染物水质风险评估与预测技术在课题研发过程中技术就绪度得到提升，以此为基础的部分延伸技术得到了地方政府的认可与应用，证明可行。但技术本身未直接形成评估和管理方案或技术指南等成果，故技术评估结果暂定为 6 级，有进一步研发及应用的空间。

都市农业面源污染智能化服务平台技术已经构建了系统管理平台，已经有用户试用，但未提供第三方评估结果或用户证明，技术就绪度暂定为 6 级。农业面源污染智能化服务平台技术符合“十四五”期间环境管理体系现代化发展的方向，有进一步研发及应用的空间。

二、总体分析

“十一五”以来，水专项产出的 47 项种植业氮、磷全过程控制技术中，针对稻田和菜地果园的氮、磷控制技术分别有 16 项和 17 项，而以麦-玉系统为对象仅有 2 项。对稻田和菜果系统的重视体现了“十一五”以来水专项对种植业面源问题的侧重趋势。由评估产生的 18 项推荐技术包括源头削减技术 6 项、过程拦截技术 7 项和全过程技术 5 项，满足对污染物发生-迁移的全过程覆盖需求。稻田污染控制技术以污染物源头削减为重点，集中在肥料调控方向，兼顾过程拦截，氮、磷养分再利用技术已包含在全过程技术中。因此，稻田系统面源污染控制技术链条基本完整。菜果污染控制技术既有针对养分转运和耕作改良的源头削减类技术，也有针对坡耕地的植物篱过程拦截技术，并通过串联菜地田-沟-潭，实现了肥水的循环利用。其技术链条从氮、磷发生迁移上看基本完整，但菜地系统的露天耕作和大棚种植上养分投入等田间管理差异较大，细分化的源头削减并没有体现。此外，菜地和果园在平地和坡耕地上分布时对过程拦截的要求有所不同，现有技术缺少不同地形条件下的划分。因此，菜果污染控制技术有待进一步完善。麦-玉系统现有技术较少，与该系统分布区一般降水量较少、面源污染发生风险较小有一定关系。另外，通用技术也不在少数，且结构体系较为完整，对不同作物系统兼容性较好，也可适用于多斑块镶嵌的复杂混合种植区，为实现流域种植业氮、磷排放控制，提供了有效支撑。

通过水专项资助产生了 39 项养殖污染防治技术，但如果技术能稳定应用，需要具备较高的稳定性、成熟度和正效益。经过 3 个五年计划的研究，养殖污染控制相关技术经过反复试验、改良及实际的测试后，被充分证明新技术的可行性，相关的技术就绪度从水专项启动之初的 2～3 级提高到当前的 6～9 级，从源头减量、过程资源化利用和末端修复等多个层次建立了养殖污染控制的技术体系，在针对性解决畜禽养殖污染瓶颈问题、建立高效资源化利用技术模式以及解决区域养殖污染问题等方面，体现出良好的应用效果，发挥出区域统筹和协同治理污染的作用，有力支撑了流域水质改善和环境效益提升。

自水专项“十一五”课题实施以来，通过研究与示范，研发 40 余项农村生活污水收集与处理技术，技术就绪度大部分由 1～4 级提升到 5～9 级，占比分别 30.00%、22.50%、20.00%、12.50%和 2.50%。技术就绪度大于等于 7 级、8 级、9 级的支撑技术点分别占到 35.00%、15.00%和 2.50%。技术就绪度提升 1～7 级的技术数量分别占 17.50%、25.00%、12.50%、20.00%、15.00%、7.50%和 2.50%。农村生活污水治理技术系列包括污水收集、污水处理和污水资源化利用 3 个技术环节，3 个技术环节的技术就绪度由 2～3 级提升到 7～9 级。农村生活污水治理技术系列在立项之初技术就绪度为 4 级，“十一五”末、“十二五”末、“十三五”末技术就绪度分别为 7 级、8 级、9 级。

水专项启动初期，农业农村管理技术就绪度为 1～5 级，占比分别为 55.56%、22.22%、0、11.11%和 11.11%。大部分技术未实现示范应用。通过水专项研究与示范，技术就绪度提升到 6～9 级，占比分别为 22.22%、44.44%、22.22%和 11.11%。技术就绪度大于等于 7 级、8 级、9 级的分别占到 77.77%、33.33% 和 11.11%。技术就绪度提升 5～7 级的分别占 33.33%、44.44%和 11.11%。在农业面源污染控制管理机制与对策方面，监控与评估技术和决策支持系统构建体现出了较好的示范应用效果，支撑了农业农村管理水平的提升。

■ 第三节　技术/经济/环境综合评估

一、评估结果

（一）种植业氮、磷全过程控制技术评估结果

评估共邀请 15 个专家对 47 项技术，结合层次分析模型和标杆法，对每项技术的单项指标进行打分，以此作为技术初评。评分结果回收后，对每个技术的单项指标初评开展分布分析，去掉偏离值后均值如表 4-19 所示。

表 4-19　种植业氮、磷全过程控制技术单项指标得分情况

序列	技术名	技术指标		环境指标				经济指标			
		D1 生产影响率	D2 运行管理难易度	D3 氮削减效果	D4 磷削减效果	D5 二次污染	D6 人体健康	D7 投资	D8 运行费	D9 技术收益	D10 节约资源
1	基于农田养分控流失产品应用为主体的农田氮、磷流失污染控制技术	80.1	79.7	85.7	84.8	89.3	87.3	82.7	81.5	81.7	88.9
2	农业结构调整下新型都市农业面源污染综合控制技术	81.4	69.6	87.8	86.4	91.4	87.6	71.9	69.4	81.8	87.1
3	富磷区面源污染仿肾型收集与再削减技术	76.1	77.6	85.4	87.6	91.2	87.9	65.8	75.6	60.4	72.2
4	农田排水污染物三段式全过程拦截净化技术	82.1	85.1	93.7	92.7	93.4	90.5	76.0	82.3	71.8	85.4
5	生态沟渠技术	78.3	78.2	82.9	82.7	91.0	88.0	72.1	79.4	73.3	79.0
6	湖滨带陆向农业生产区污染控制技术	85.3	84.3	95.8	95.8	95.8	92.5	78.5	86.4	79.8	90.8
7	坡地农田植被隔离带定量化应用技术	75.1	78.4	76.4	86.5	90.8	87.8	73.0	79.2	64.0	75.8
8	截土保水抗旱丰产沟植物篱技术	80.8	74.4	87.3	86.6	84.2	85.9	76.4	81.4	77.4	84.5
9	沟-渠-塘系统净化技术	75.4	80.5	93.6	93.3	90.4	85.1	65.0	75.9	62.1	74.8
10	新型都市农业面源污染零排放技术	82.2	67.8	62.6	63.4	86.2	84.2	74.0	66.1	85.6	84.2
11	农田废弃物低成本综合处置技术	70.3	71.0	70.7	70.3	81.4	80.5	67.7	72.9	78.3	86.4
12	坡耕地雨水集蓄及高效利用技术	76.5	77.1	82.5	82.5	90.4	86.2	71.2	73.7	73.5	81.9
13	规模化果园面源污染防治集成技术	77.7	75.4	89.7	89.8	88.8	84.6	70.4	74.1	79.5	86.0

（续）

序列	技术名	技术指标		环境指标				经济指标			
		D1 生产影响率	D2 运行管理难易度	D3 氮削减效果	D4 磷削减效果	D5 二次污染	D6 人体健康	D7 投资	D8 运行费	D9 技术收益	D10 节约资源
14	大面积连片、多类型种植业镶嵌的农田面源控污减排技术	77.7	79.8	85.8	89.2	85.1	84.4	71.2	75.2	75.8	80.7
15	“源头减量-过程阻断-养分循环利用-生态修复”的4R技术体系	91.5	88.6	94.6	94.9	92.9	92.2	81.9	85.1	90.5	94.4
16	三峡库区及其上游流域轮作农田（地）、柑橘园面源污染防控技术	83.5	84.8	92.0	92.6	83.4	82.0	81.9	84.6	85.3	89.1
17	氮肥后移施用技术	79.9	83.1	71.7	76.7	87.3	87.1	85.1	83.3	80.4	80.0
18	水稻控释肥育秧箱全量施肥技术	82.0	78.9	70.4	75.7	92.6	90.8	82.1	84.9	86.4	90.2
19	农业主产区大田作物氮、磷减量控制栽培技术	75.0	82.1	76.5	76.4	87.1	84.4	83.1	83.2	77.5	81.9
20	基于水稻专用缓控释肥与插秧施肥一体化稻田氮、磷投入减量关键技术	85.6	81.7	88.2	73.6	92.0	91.3	84.7	84.7	88.1	89.8
21	水稻缓释肥侧条施肥技术	80.4	82.3	70.6	74.5	88.3	87.9	80.1	82.9	79.0	83.2
22	水稻施肥插秧一体化技术	83.5	82.7	80.4	77.3	91.3	88.4	84.8	84.4	81.6	85.0
23	基于稻作制农田消纳的氮、磷污染阻控技术	79.8	79.0	85.4	84.0	87.8	85.6	75.6	79.7	83.4	85.7
24	农田退水污染控制技术	80.4	74.0	84.0	84.6	88.4	85.4	76.8	80.2	77.2	85.7
25	农业退水污染防控生态沟渠系统及构建方法	80.8	78.8	82.8	83.5	88.0	86.5	68.5	76.4	78.2	84.3

（续）

序列	技术名	技术指标		环境指标				经济指标			
		D1 生产影响率	D2 运行管理难易度	D3 氮削减效果	D4 磷削减效果	D5 二次污染	D6 人体健康	D7 投资	D8 运行费	D9 技术收益	D10 节约资源
26	生态农田构建技术	82.1	78.9	80.0	83.8	85.5	87.6	76.6	81.2	83.7	87.0
27	稻田生态阻控沟渠与退水循环利用技术集成	77.4	79.6	79.0	80.0	87.5	85.3	72.3	77.1	75.6	81.5
28	河口区稻田生态系统面源污染控制与水质改善技术	74.9	77.8	83.4	84.2	88.7	85.3	69.6	77.4	70.5	80.4
29	基于耕层土壤水库及养分库扩蓄增容基础上的农田增效减负技术	80.8	77.5	84.6	85.2	87.7	84.7	79.8	80.9	82.1	81.0
30	坡耕地种植结构与肥料结构调控技术	74.9	75.5	83.3	84.0	88.7	86.7	72.6	77.4	69.7	80.8
31	基于硝化抑制剂-水肥一体化耦合的蔬菜氮、磷投入减量关键技术	81.9	82.1	90.0	88.8	92.1	90.3	82.4	82.2	76.8	86.6
32	水源区坡地中药材生态种植及氮、磷负荷削减集成技术	78.0	75.8	83.7	84.5	87.7	87.0	79.5	79.7	80.1	77.6
33	都市果园低污少排放集成技术	80.6	78.6	81.6	81.9	86.2	82.6	78.2	78.3	78.6	79.7
34	分区限量施肥技术	79.1	79.5	76.5	76.3	90.6	89.0	84.0	83.9	80.4	82.1
35	露地农田宽畦全膜覆盖蔬菜种植技术	77.5	75.1	80.1	80.3	76.0	80.0	76.4	80.5	76.5	76.1
36	大蒜低污染种植模式技术	79.4	78.4	72.4	72.1	88.3	85.7	83.9	83.2	75.5	81.8
37	农田土壤以碳控氮技术	81.5	81.8	77.2	74.2	87.2	84.7	82.3	83.2	76.2	80.2
38	生物炭基肥料开发利用与施用技术	79.4	74.0	59.8	59.8	85.4	88.4	67.0	70.5	81.9	80.8

（续）

序列	技术名	技术指标		环境指标				经济指标			
		D1 生产影响率	D2 运行管理难易度	D3 氮削减效果	D4 磷削减效果	D5 二次污染	D6 人体健康	D7 投资	D8 运行费	D9 技术收益	D10 节约资源
39	植物篱埂垄向区田水土氮、磷保持农作技术	77.5	78.3	83.8	84.6	88.4	86.7	70.9	71.7	75.3	80.8
40	基于行间生草耦合树盘覆盖的果园氮、磷投入减量关键技术	81.1	81.3	87.8	89.2	91.6	88.9	79.2	78.6	74.9	85.1
41	坡耕地土壤氮、磷截留与流失阻控的复合植物篱防控技术	77.8	79.0	90.7	90.2	90.1	88.8	72.1	80.4	74.2	81.3
42	农田径流人工快速渗滤池技术	75.4	77.3	68.1	75.4	86.5	83.6	69.1	72.7	70.7	77.4
43	以农户为单元田-沟-潭水肥循环利用技术体系	75.4	72.9	71.0	69.2	85.7	82.9	67.1	71.9	68.3	74.4
44	基于总量削减-盈余回收-流失阻断的菜地氮、磷污染综合控制技术	83.5	83.8	90.3	88.9	90.8	89.6	84.0	85.3	83.2	87.4
45	湖滨区设施农业集水区内面源污染防控技术	78.5	79.4	83.1	83.4	87.3	85.0	76.7	80.0	84.0	86.8
46	都市苗圃降污少排放集成技术	75.3	73.5	82.6	83.0	85.7	83.4	70.2	73.1	75.0	80.3
47	茶叶、柑橘等特色生态作物肥药减量化和退水污染负荷削减技术	81.3	78.8	87.4	86.8	87.7	86.2	75.1	81.1	80.8	84.9

通过相关领域专家打分，获取单项指标赋分后，根据已得到的指标权重，计算各技术的综合评价得分（E_i），计算公式如下：

$$E_i = \sum E_{ij} \cdot D_j$$

其中，E_{ij} 为 i 个技术的 j 指标（10 分制）的专家赋分值；D_j 为 D 层 j 指

标的权重。将技术、环境和经济3类指标的对应 D 层的综合评价分（E_i）进行累计，分别获得每项3类指标的权重法评分（表4-20）。基于此，对47项种植业氮、磷全过程控制技术在技术、环境和经济3个方向的优势性、总分情况以及每个指标开展优势和短板分析。

表4-20　种植业氮、磷全过程控制技术各类指标权重法评分

序号	技术名称	技术指标	环境指标	经济指标	总分
1	基于农田养分控流失产品应用为主体的农田氮、磷流失污染控制技术	28.1	30.7	24.6	83.4
2	农业结构调整下新型都市农业面源污染综合控制技术	26.5	31.2	22.8	80.5
3	富磷区面源污染仿肾型收集与再削减技术	27.0	31.1	20.3	78.4
4	农田排水污染物三段式全过程拦截净化技术	29.4	32.7	23.3	85.4
5	生态沟渠技术	27.5	30.4	22.4	80.3
6	湖滨带陆向农业生产区污染控制技术	29.8	33.5	24.8	88.1
7	坡地农田植被隔离带定量化应用技术	27.0	30.1	21.6	78.7
8	截土保水抗旱丰产沟植物篱技术	27.3	30.4	23.6	81.3
9	沟-渠-塘系统净化技术	27.4	32.0	20.5	79.9
10	新型都市农业面源污染零排放技术	26.3	26.2	22.8	75.3
11	农田废弃物低成本综合处置技术	24.8	26.8	22.5	74.1
12	坡耕地雨水集蓄及高效利用技术	27.0	30.1	22.1	79.2
13	规模化果园面源污染防治集成技术	26.9	31.2	22.8	80.9
14	大面积连片、多类型种植业镶嵌的农田面源控污减排技术	27.7	30.4	22.3	80.4
15	“源头减量-过程阻断-养分循环利用-生态修复”的4R技术体系	31.6	33.2	25.9	90.7
16	三峡库区及其上游流域轮作农田（地）、柑橘园面源污染防控技术	29.6	30.9	25.1	85.6
17	氮肥后移施用技术	28.6	28.5	24.3	81.4
18	水稻控释肥育秧箱全量施肥技术	28.3	29.1	25.3	82.7
19	农业主产区大田作物氮、磷减量控制栽培技术	27.6	28.6	24.0	80.2
20	基于水稻专用缓控释肥与插秧施肥一体化稻田氮、磷投入减量关键技术	29.4	30.5	25.6	85.5
21	水稻缓释肥侧条施肥技术	28.6	28.4	24.0	81.0
22	水稻施肥插秧一体化技术	29.2	29.8	24.8	83.8

（续）

序号	技术名称	技术指标	环境指标	经济指标	总分
23	基于稻作制农田消纳的氮、磷污染阻控技术	27.9	30.3	23.9	82.1
24	农田退水污染控制技术	27.1	30.2	23.6	80.9
25	农业退水污染防控生态沟渠系统及构建方法	28.1	30.1	22.7	80.9
26	生态农田构建技术	28.3	29.8	24.2	82.3
27	稻田生态阻控沟渠与退水循环利用技术集成	27.6	29.3	22.6	79.5
28	河口区稻田生态系统面源污染控制与水质改善技术	26.8	30.1	22.0	78.9
29	基于耕层土壤水库及养分库扩蓄增容基础上的农田增效减负技术	27.8	30.2	23.9	81.9
30	坡耕地种植结构与肥料结构调控技术	26.4	30.3	22.2	78.9
31	基于硝化抑制剂-水肥一体化耦合的蔬菜氮、磷投入减量关键技术	28.8	31.9	24.2	84.9
32	水源区坡地中药材生态种植及氮、磷负荷削减集成技术	27.0	30.3	23.4	80.7
33	都市果园低污少排放集成技术	28.0	29.3	23.2	80.5
34	分区限量施肥技术	27.9	29.3	24.4	81.6
35	露地农田宽畦全膜覆盖蔬菜种植技术	26.8	28.0	22.8	77.6
36	大蒜低污染种植模式技术	27.7	28.1	23.9	79.7
37	农田土壤以碳控氮技术	28.7	28.5	23.8	81.0
38	生物炭基肥料开发利用与施用技术	27.0	25.9	22.1	75.0
39	植物篱埂垄向区田水土氮、磷保持农作技术	27.4	30.3	22.0	79.7
40	基于行间生草耦合树盘覆盖的果园氮、磷投入减量关键技术	28.5	31.6	23.4	83.5
41	坡耕地土壤氮、磷截留与流失阻控的复合植物篱防控技术	27.6	31.8	22.7	82.1
42	农田径流人工快速渗滤池技术	26.8	27.7	21.4	75.9
43	以农户为单元田-沟-潭水肥循环利用技术体系	26.1	27.3	20.8	74.2
44	基于总量削减-盈余回收-流失阻断的菜地氮、磷污染综合控制技术	29.4	31.8	25.1	86.3
45	湖滨区设施农业集水区内面源污染防控技术	27.7	29.9	24.1	81.7
46	都市苗圃降污少排放集成技术	26.1	29.5	22.0	77.6
47	茶叶、柑橘等特色生态作物肥药减量化和退水污染负荷削减技术	28.1	30.7	23.7	82.5

基于图 4-6 的评分分布，72%技术的技术指标得分超过 27 分；60%技术

的环境指标得分超过30分；55%技术的经济指标得分超过23分；66%技术的加权总分超过80分。可见，在3个方向中，现有技术均将环境效益放在第一位，经济效益的兼顾做得仍有不足。此外，3个方向均出现了得分分布向高分区倾斜的趋势，说明多数现有种植业氮、磷污染防控技术的优势性，当然2/3技术总分>80分也验证了这一结果。

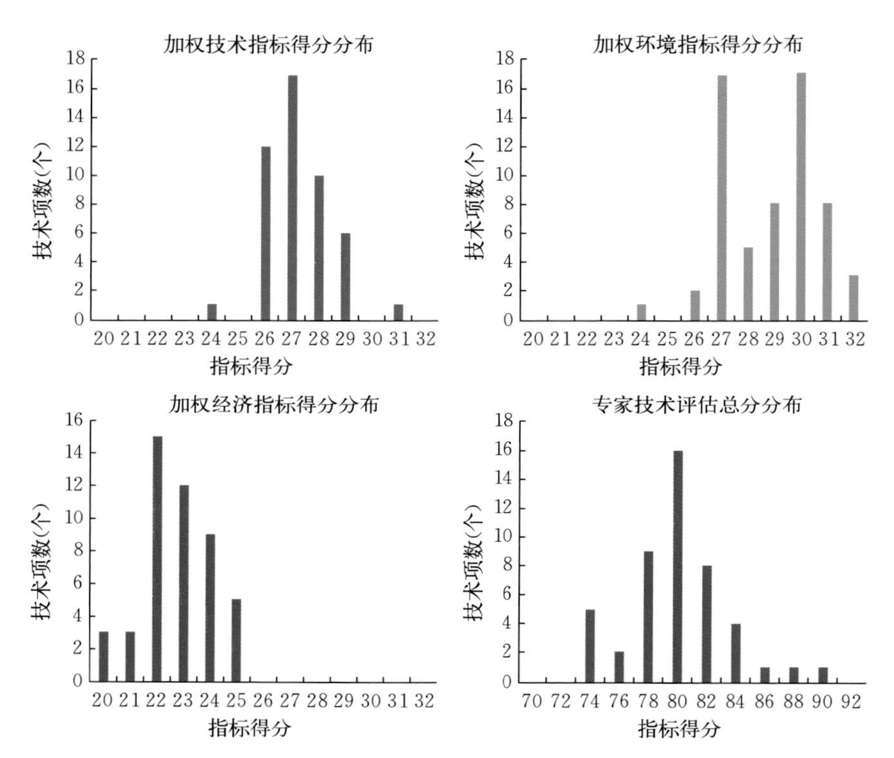

图4-6　技术、环境、经济3个方向技术指标得分和技术评估总分

注：图4-6中所示技术、环境、经济3个方向的指标得分，由各方向每个指标专家评分平均分与指标权重相乘后累加而来，3个方向指标得分之和即为专家技术评估综合。

以就绪度衡量技术现有推广应用情况，对技术进行初筛；再基于专家对技术指标的评分，从评分的总分分区、单项优势、短板情况3个条件进行“推荐应用”“酌情应用”“暂不推荐应用”3个等级的划分。其中：

“推荐应用”和“酌情应用”类技术的就绪度均不得低于6级。

总分分区主要基于多位专家对某项技术的加权总分的分布情况。>80分的技术才有被选为“推荐应用”的资格。

单项优势指某项技术在技术、环境和经济3个方向的加权指标得分均处于前段优势的评分段（约为1/3）。优势区评判分别根据图4－6的评分分布情况而定。优势区分别对应：加权技术指标得分＞28，加权环境指标得分＞30，加权经济指标得分＞24。

短板情况用于反映某项技术在技术、环境和经济各方向是否存在不足。同单项优势，短板区评判依然依赖其评分分布情况。短板区分别对应：加权技术指标得分＜26，加权环境指标得分＜28，加权经济指标得分＜22.5。

为保证筛选技术包含多个种植系统且来自多个流域，对推荐应用技术的筛选兼顾了种植类型和流域特征。

分级后得到推荐应用技术18个、酌情应用技术13个和暂不推荐应用技术16个，具体技术如表4－21所示。

表4－21　技术分级评判及筛选结果

<table>
<tr><th colspan="2">分级</th><th></th><th colspan="2">筛选技术个数</th></tr>
<tr><td colspan="5">筛选条件</td></tr>
<tr><td rowspan="3">推荐应用</td><td>优先推荐</td><td>就绪度≥6级；且（1）总分＞85，且技术、环境和经济中2个或2个以上方向加权指标得分处于优势区，或（2）技术、环境和经济3个方向加权指标得分处于优势区，且总分位于80～85</td><td>8</td><td rowspan="3">总计：18</td></tr>
<tr><td>次级推荐</td><td>就绪度≥6级；且技术、环境和经济中有2个方向加权指标得分处于优势区，且总分位于80～85</td><td>4</td></tr>
<tr><td>补充推荐</td><td>就绪度≥6级；且兼顾流域和种植系统特征，技术、环境和经济中有1个方向加权指标得分处于优势区，无短板区方向，且总分位于80～85</td><td>6</td></tr>
<tr><td colspan="2">酌情应用</td><td>非推荐和暂不推荐的其他技术</td><td colspan="2">13</td></tr>
<tr><td colspan="2">暂不推荐应用</td><td>就绪度＜6级，或技术、环境和经济中有1个或以上方向的加权指标得分处于短板区</td><td colspan="2">16</td></tr>
<tr><td colspan="5">筛选结果-技术名</td></tr>
<tr><td colspan="2">推荐应用</td><td colspan="3">1. 基于农田养分控流失产品应用为主体的农田氮、磷流失污染控制技术
2. 农田排水污染物三段式全过程拦截净化技术
3. 湖滨带陆向农业生产区污染控制技术
4. “源头减量-过程阻断-养分循环利用-生态修复”的4R技术体系
5. 三峡库区及其上游流域轮作农田（地）、柑橘园面源污染防控技术
6. 基于水稻专用缓控释肥与插秧施肥一体化稻田氮、磷投入减量关键技术
7. 基于硝化抑制剂-水肥一体化耦合的蔬菜氮、磷投入减量关键技术
8. 基于总量削减-盈余回收-流失阻断的菜地氮、磷污染综合控制技术
9. 截土保水抗旱丰产沟植物篱技术
10. 水稻控释肥育秧箱全量施肥技术</td></tr>
</table>

（续）

推荐应用	11. 基于行间生草耦合树盘覆盖的果园氮、磷投入减量关键技术 12. 茶叶、柑橘等特色生态作物肥药减量化和退水污染负荷削减技术 13. 水稻施肥插秧一体化技术 14. 基于稻作制农田消纳的氮、磷污染阻控技术 15. 生态农田构建技术 16. 基于耕层土壤水库及养分库扩蓄增容基础上的农田增效减负技术 17. 坡耕地土壤氮、磷截留与流失阻控的复合植物篱防控技术 18. 湖滨区设施农业集水区内面源污染防控技术
酌情应用	1. 农业结构调整下新型都市农业面源污染综合控制技术 2. 规模化果园面源污染防治集成技术 3. 氮肥后移施用技术 4. 农业主产区大田作物氮、磷减量控制栽培技术 5. 水稻缓释肥侧条施肥技术 6. 农业退水污染防控生态沟渠系统及构建方法 7. 稻田生态阻控沟渠与退水循环利用技术集成 8. 水源区坡地中药材生态种植及氮、磷负荷削减集成技术 9. 都市果园低污少排放集成技术 10. 分区限量施肥技术 11. 露地农田宽畦全膜覆盖蔬菜种植技术 12. 大蒜低污染种植模式技术 13. 农田土壤以碳控氮技术
暂不推荐应用	1. 富磷区面源污染仿肾型收集与再削减技术 2. 生态沟渠技术 3. 坡地农田植被隔离带定量化应用技术 4. 沟-渠-塘系统净化技术 5. 新型都市农业面源污染零排放技术 6. 农田废弃物低成本综合处置技术 7. 坡耕地雨水集蓄及高效利用技术 8. 大面积连片、多类型种植业镶嵌的农田面源控污减排技术 9. 农田退水污染控制技术 10. 河口区稻田生态系统面源污染控制与水质改善技术 11. 坡耕地种植结构与肥料结构调控技术 12. 生物炭基肥料开发利用与施用技术 13. 植物篱埂垄向区田水土氮、磷保持农作技术 14. 农田径流人工快速渗滤池技术 15. 以农户为单元田-沟-潭水肥循环利用技术体系 16. 都市苗圃降污少排放集成技术

（二）养殖业污染控制技术评估结果

按照上述方法对养殖业污染控制技术进行打分，结果见表4-22。

表4-22　养殖业污染控制技术分值

序号	编号	技术名称	评分			
			技术	环境	经济	综合
1	ZJ32121-01	畜禽粪便和养殖有机垃圾厌氧消化过程消除抑制技术	67.71	66.11	48.88	62.45
2	ZJ32121-02	粪便无害化快速堆肥与污水深度净化组合处理技术	78.82	83.99	77.07	80.75
3	ZJ32121-03	利用好氧发酵设备处理畜禽粪便技术	75.20	63.68	59.62	66.23
4	ZJ32121-04	预处理＋干式厌氧消化技术	66.05	58.42	48.80	58.44
5	ZJ32121-05	强化干式厌氧消化技术	69.12	69.60	55.06	65.95
6	ZJ32121-06	农业废弃物清洁制备活性炭技术	83.20	78.71	71.39	78.33
7	ZJ32121-07	畜禽粪便二段式好氧堆肥技术	82.32	78.05	72.84	78.11
8	ZJ32122-01	畜禽养殖废水碳源碱度自平衡碳氮、磷协同处理技术	69.02	71.08	60.36	67.87
9	ZJ32122-02	好氧单级自养脱氮填埋场渗滤液减质减量技术	69.58	68.09	66.71	68.22
10	ZJ32122-03	规模化猪场废水高效低耗脱氮除磷提标处理技术	74.77	64.30	46.64	63.25
11	ZJ32123-01	畜禽养殖业氮、磷减量控制技术	76.41	75.12	61.53	72.24
12	ZJ32123-02	养殖废水原位生物治理技术	84.31	70.26	77.53	76.32
13	ZJ32124-01	畜禽养殖粪污沼气发酵物料预处理菌剂及沼气反应器	71.37	70.28	55.02	66.94
14	ZJ32124-02	畜禽废弃物低能耗高效厌氧处理关键技术	63.43	62.02	52.74	60.22
15	ZJ32125-01	东北寒冷地区畜禽养殖污染系统控制技术	81.47	78.60	74.83	78.58
16	ZJ32125-02	辽河源头区农村面源污染防治技术	82.29	75.60	76.87	77.96
17	ZJ32131-01	畜禽养殖废弃物异位微生物发酵床处理与资源化利用技术	85.56	82.05	80.64	82.79
18	ZJ32131-02	养殖废弃物高效堆肥复合微生物菌剂及功能有机肥生产技术	79.28	74.54	71.93	75.37

（续）

序号	编号	技术名称	评分			
			技术	环境	经济	综合
19	ZJ32131 - 03	有机肥生产技术	77.91	63.86	70.27	69.71
20	ZJ32131 - 04	有机废弃物卧式干式厌氧发酵技术	71.70	66.88	63.93	67.65
21	ZJ32131 - 05	畜禽养殖废弃物立式厌氧干发酵技术	71.96	63.64	60.11	65.34
22	ZJ32131 - 06	发酵床垫料制有机肥	82.61	75.34	63.60	74.74
23	ZJ32133 - 01	固体废弃物基质化利用技术	76.73	73.75	68.82	73.48
24	ZJ32133 - 02	发酵床垫料及沼渣有机肥配方技术	79.15	74.01	67.62	74.05
25	ZJ32135 - 01	高浓度有机污水制备生物基醇	84.31	75.38	63.64	75.29
26	ZJ32212 - 01	新型饮水器和两坡段干湿分离养猪生产污水削减技术	77.25	77.52	78.90	77.78
27	ZJ32215 - 01	基于无害化微生物发酵床的养殖废弃物全循环技术	85.59	86.18	75.21	83.36
28	ZJ32215 - 02	规模化以下移动式生态养殖（养猪）技术	74.35	68.09	74.09	71.46
29	ZJ32221 - 01	奶牛粪便快速干燥堆肥技术	62.78	57.61	57.55	59.18
30	ZJ32223 - 01	高密度养殖区水源保护组合处理技术	74.93	68.54	78.86	72.99
31	ZJ32225 - 01	山地果畜结合区面源污染控制技术	73.14	68.89	66.71	69.67
32	ZJ32225 - 02	畜禽养殖与生态种植相结合的山地种养平衡低排放技术	70.82	70.61	74.42	71.60
33	ZJ32313 - 01	水产养殖膜生物法水质净化技术	66.09	69.29	48.23	62.93
34	ZJ32314 - 01	水产养殖污染物削减技术	67.96	64.13	56.80	63.59
35	ZJ32314 - 02	食性差异与空间互补的水产混养技术	75.86	75.22	67.24	73.44
36	ZJ32321 - 01	湖滨区水产养殖污染零排放的污染控制技术	70.00	73.32	54.36	67.45
37	ZJ32321 - 02	温室甲鱼废水生态净化处理成套技术	76.01	89.93	70.67	80.40
38	ZJ32322 - 01	养殖水序批式置换循环生态处理与再利用技术	67.46	82.25	52.73	69.85
39	ZJ32322 - 02	河口湿地养殖水体污染的物理-生物联合阻控与水质改善技术	83.11	71.04	76.96	76.61

由表 4 - 22 可见，技术 ZJ32121 - 02、ZJ32131 - 01、ZJ32215 - 01、ZJ32321 - 02、ZJ32322 - 01 在环境维度的得分较高。以基于无害化微生物发酵床的养殖废弃物全循环技术（ZJ32215 - 01）为例，该技术的应用可实现养

殖场污水及粪污的近零排放。因此，不会造成额外的污染负荷处理负担，实现养殖废弃物的资源化利用，故具有较高的环境效益。

技术 ZJ32121－06、ZJ32121－07、ZJ32123－02、ZJ32125－01、ZJ32131－01、ZJ32131－06、ZJ32135－01、ZJ32212－01、ZJ32215－01 等在技术维度的得分较高。以新型饮水器和两坡段干湿分离养猪生产污水削减技术（ZJ32212－01）为例，其创新性地开展了养殖污染源头减水及干湿分离的源头控制技术，减少了污染负荷的产生和后续处理的负担，故具有较高的技术价值。

技术 ZJ32121－02、ZJ32123－02、ZJ32125－02、ZJ32131－01、ZJ32212－01 等在经济维度的得分较高。以畜禽养殖废弃物异位微生物发酵床处理与资源化利用技术（ZJ32131－01）为例，该技术粪污水处理模式更高效、投资省、管理成本低，不影响原有的畜禽养殖模式，并可以达到粪污水零排放的要求，实现养殖粪污处理及资源化利用，以及废水处理、有机肥生产、基质利用等在削减污染负荷的同时产生可观的经济效益，故在经济维度得分较高。

根据技术的技术、环境、经济和总评分，并结合技术就绪度对各项技术进行分析。对于就绪度≥6 级、总评分≥70 且技术、环境、经济单项评分均不低于 60 的技术进行推荐（表 4－23）。考虑到有些技术内容相同或相近，如“养殖废水原位生物治理技术”与“河口湿地养殖水体污染的物理-生物联合阻控与水质改善技术”、“发酵床垫料制有机肥技术”与“发酵床垫料及沼渣有机肥配方技术”、“畜禽养殖废弃物异位微生物发酵床处理与资源化利用技术”与“基于无害化微生物发酵床的养殖废弃物全循环技术”等，根据技术的代表性、全面性等，将相关技术予以合并，不再单独推荐。

表 4－23　养殖业污染控制推荐技术

序号	技术编号	技术名称
1	ZJ32121－02	粪便无害化快速堆肥与污水深度净化组合处理技术
2	ZJ32121－06	农业废弃物清洁制备活性炭技术
3	ZJ32121－07	畜禽粪便二段式好氧堆肥技术
4	ZJ32123－01	畜禽养殖业氮、磷减量控制技术
5	ZJ32125－01	东北寒冷地区畜禽养殖污染系统控制技术
6	ZJ32125－02	辽河源头区农村面源污染防治技术
7	ZJ32131－02	养殖废弃物高效堆肥复合微生物菌剂及功能有机肥生产技术

（续）

序号	技术编号	技术名称
8	ZJ32131 - 03	有机肥生产技术
9	ZJ32133 - 01	固体废弃物基质化利用技术
10	ZJ32133 - 02	发酵床垫料及沼渣有机肥配方技术
11	ZJ32135 - 01	高浓度有机污水制备生物基醇
12	ZJ32212 - 01	新型饮水器和两坡段干湿分离养猪生产污水削减技术
13	ZJ32215 - 01	基于无害化微生物发酵床的养殖废弃物全循环技术
14	ZJ32215 - 02	规模化以下移动式生态养殖（养猪）技术
15	ZJ32223 - 01	高密度养殖区水源保护组合处理技术
16	ZJ32225 - 02	畜禽养殖与生态种植相结合的山地种养平衡低排放技术
17	ZJ32314 - 02	食性差异与空间互补的水产混养技术
18	ZJ32321 - 02	温室甲鱼废水生态净化处理成套技术
19	ZJ32322 - 02	河口湿地养殖水体污染的物理-生物联合阻控与水质改善技术

（三）农村生活污水治理技术评估结果

邀请了 20 名专家对 6 项收集技术进行了综合评估，收集技术打分结果见表 4 - 24。

表 4 - 24　收集技术评估结果

编号	技术	得分
1	同线合建分流式复合排水管道系统	63.45
2	村落面源污染收集与处理技术	78.34
3	分散污水负压收集技术	77.15
4	新型真空排水技术	72.56
5	源分离新型排水模式技术	67.98
6	村落无序排放污水收集处理及氮、磷资源化利用技术	76.64

农村生活污水治理中收集技术指标层的评估结果雷达图如图 4 - 7 所示。

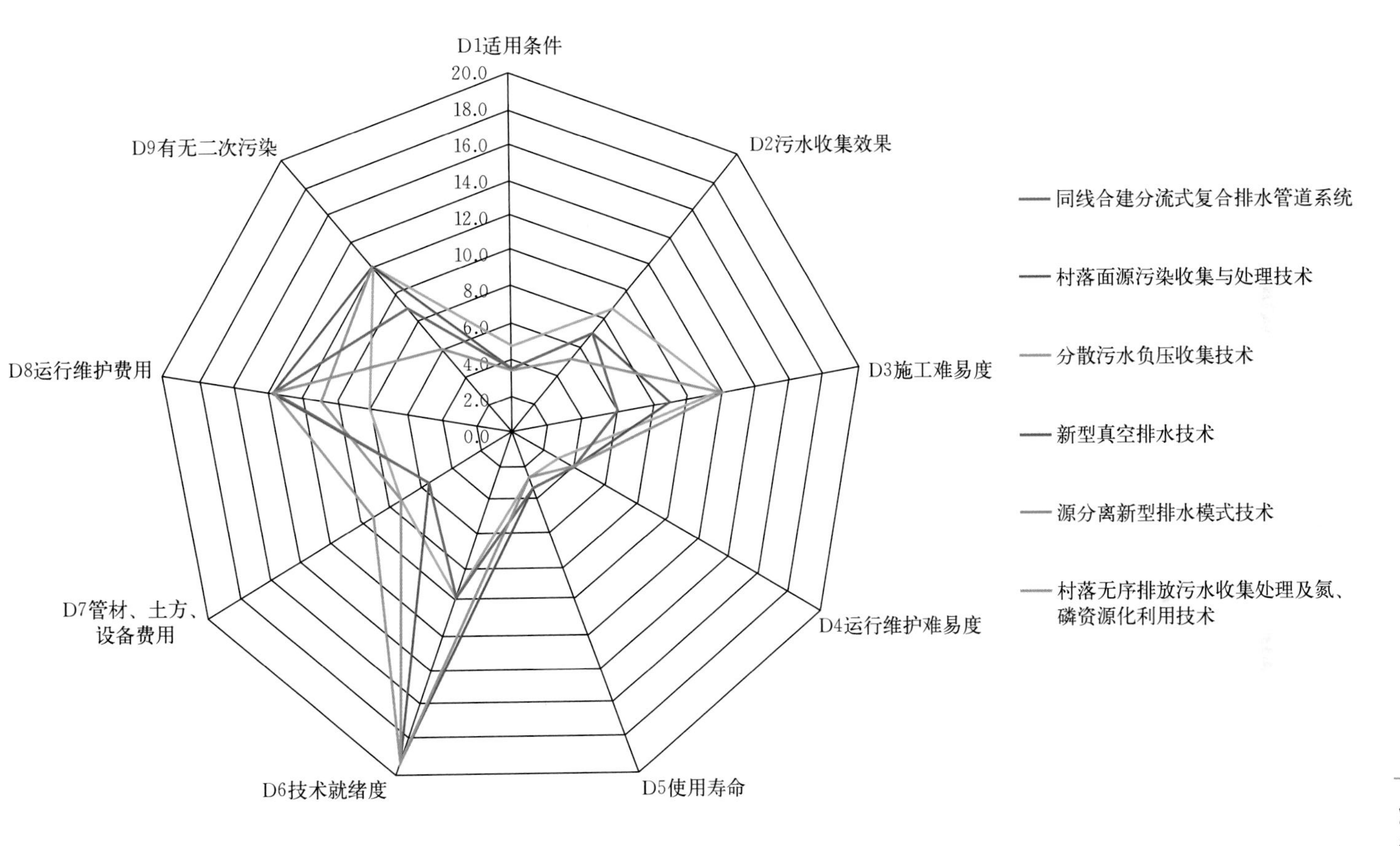

图4－7　农村生活污水治理中收集技术雷达图

从图 4－7 中可知，负压/真空排水技术相较于传统重力收集技术在 D1（适用条件）、D2（污水收集效果）、D7（管材、土方、设备费用）、D9（有无二次污染）4 项指标具有较明显优势，说明负压/真空排水技术具有较好的经济效益和环境效益，且具有较好的适用性。在 D4（运行维护难易度）、D8（运行维护费用）指标上，传统重力收集技术具有较明显优势，因为传统重力收集技术相较于负压/真空排水技术，靠重力自流收集污水，无动力要求，运行维护相对简单。

针对 34 项农村生活污水处理和资源化利用单项技术，技术评估基于各项指标的标杆值，邀请了 20 名专家共同确定各项技术的指标值（表 4－25）。

表 4－25　处理和资源化利用技术评估结果

编号	技术名称	得分
1	功能强化型生化处理＋阶式生物生态氧化塘集中型村落污水组合处理技术	84.09
2	农村污水改良型复合介质生物滤器处理技术	83.41
3	农村生活污水厌氧＋跌水曝气人工湿地处理技术	82.53
4	农村生活污水自充氧层叠生态滤床处理技术	78.57
5	人工快渗一体化净化技术	78.45
6	厌氧滤池＋太阳能曝气生物接触氧化技术	77.31
7	厌氧滤井＋人工湿地处理农村生活污水技术	76.87
8	FMBR 兼氧膜生物反应器技术	76.25
9	立体循环一体化氧化沟技术	75.61
10	快滤模块-植物生物氧化沟-塘-人工湿地集成技术	75.26
11	多重人工强化生态缓冲带污染削减技术	74.30
12	“基质＋菌剂＋植物＋水力”人工湿地四重协同净化技术	74.01
13	高效回用小型一体化污水处理技术	73.73
14	村落面源污染收集与处理技术	73.67
15	村镇污水生态处理与梯级利用技术	73.65
16	中部平原地区典型农村生活污水资源化利用技术	73.64
17	农村生活污水营养供体利用型处理技术	73.17
18	农村生活污水三级塘生物生态处理强化技术	73.11
19	分散厌氧-人工活性土集中式原位处理技术	73.09
20	寒冷地区农村杂排水处理与循环利用技术	72.92
21	高效生物生态景观联动处理技术	72.78

（续）

编号	技术名称	得分
22	农村居民聚居区混合排水深度处理成套技术	72.29
23	矿化垃圾填料处理农村生活污水技术	71.97
24	基于耐冷菌低温生物强化的污水处理设施冬季稳定运行关键技术	71.04
25	寒冷地区分散污水垃圾堆肥一体化处理	70.70
26	村落无序排放污水收集处理及氮、磷资源化利用技术	70.10
27	高效低成本农村生活污水处理技术	68.57
28	集约式污水生态处理系统	68.34
29	农村生活污水非点源污染控制技术	68.12
30	北方农村生活面源氨氮污染全过程控制成套技术	67.56
31	生活垃圾与生活污水共处置新型沼气池技术	66.94
32	农村库泊型水源污染控制模式与适用技术（厌氧消化＋人工湿地）	66.62
33	适于寒冷地区生活污水处理的小型人工湿地技术	65.49
34	村镇污水 UniFed SBR 高效处理技术	65.41

农村生活污水处理技术在评估总分、技术就绪度、技术评分、环境评分和经济评分 5 个维度的评估结果如图 4－8 至图 4－17 所示。从图 4－8 至图 4－17 中可知，在总分方面，功能强化型生化处理＋阶式生物生态氧化塘集中型村落污水组合处理技术、农村污水改良型复合介质生物滤器处理技术、农村生活污水厌氧＋跌水曝气人工湿地处理技术 3 种技术大于 80 分，具有明显的综合优势。在经济性方面，功能强化型生化处理＋阶式生物生态氧化塘集中型村落污水组合处理技术和快滤模块-植物生物氧化沟-塘-人工湿地集成技术具有明显的优势。在环境评分方面，功能强化型生化处理＋阶式生物生态氧化塘集中型村落污水组合处理技术、农村污水改良型复合介质生物滤器处理技术、农村生活污水厌氧＋跌水曝气人工湿地处理技术、农村生活污水自充氧层叠生态滤床处理技术、人工快渗一体化净化技术、厌氧滤池＋太阳能曝气生物接触氧化技术、厌氧滤井＋人工湿地处理农村生活污水技术和 FMBR 兼氧膜生物反应器技术具有良好的评分表现。在技术评分方面，整体均在 80 分左右，区别度不明显。在技术就绪度方面，厌氧滤池＋太阳能曝气生物接触氧化技术、厌氧滤井＋人工湿地处理农村生活污水技术、立体循环一体化氧化沟技术和快滤模块-植物生物氧化沟-塘-人工湿地集成技术的技术就绪度为 5 级，其余技术的成熟度较高。

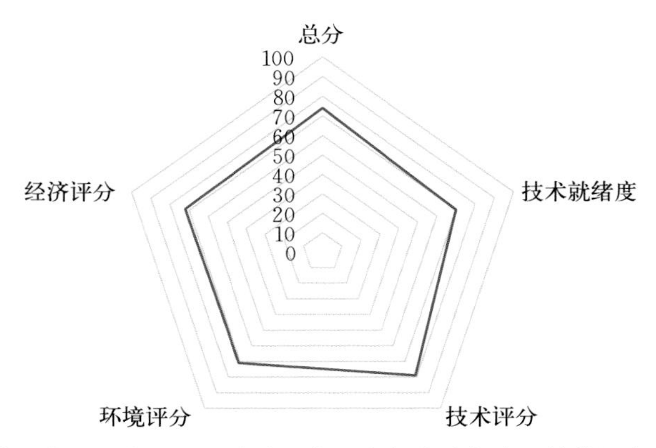

图 4-8　功能强化型生化处理+阶式生物生态氧化塘集中型村落污水组合处理技术

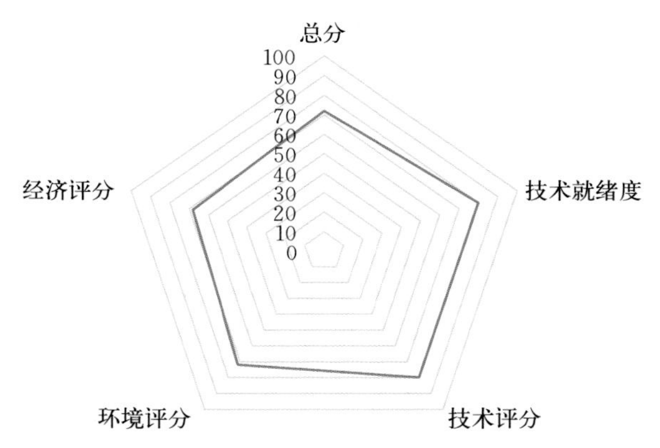

图 4-9　农村污水改良型复合介质生物滤器处理技术

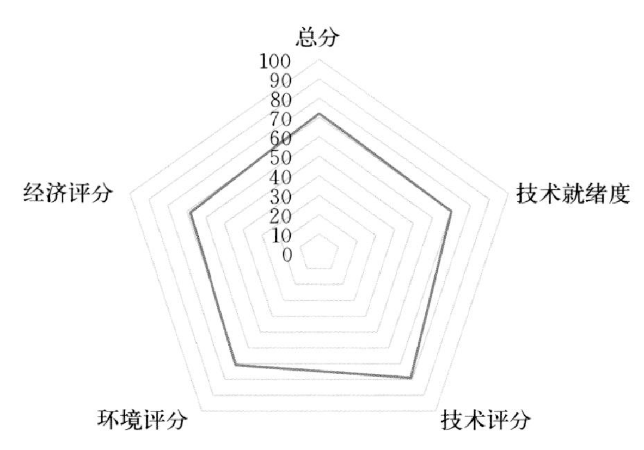

图 4-10　农村生活污水厌氧+跌水曝气人工湿地处理技术

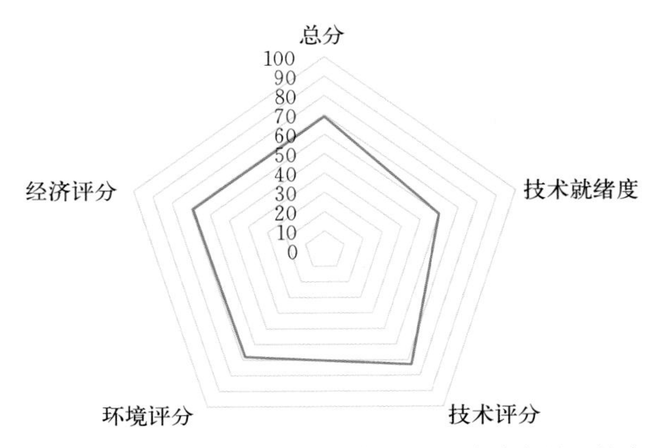

图 4-11 农村生活污水自充氧层叠生态滤床处理技术

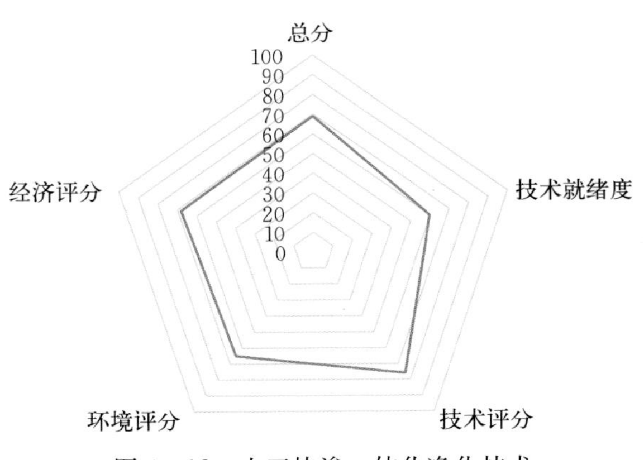

图 4-12 人工快渗一体化净化技术

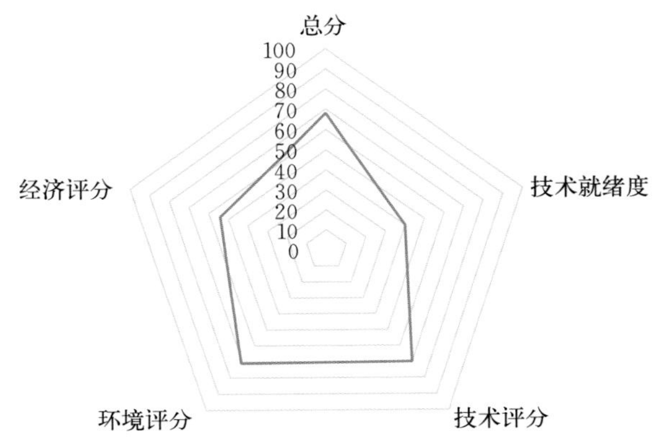

图 4-13 厌氧滤池+太阳能曝气生物接触氧化技术

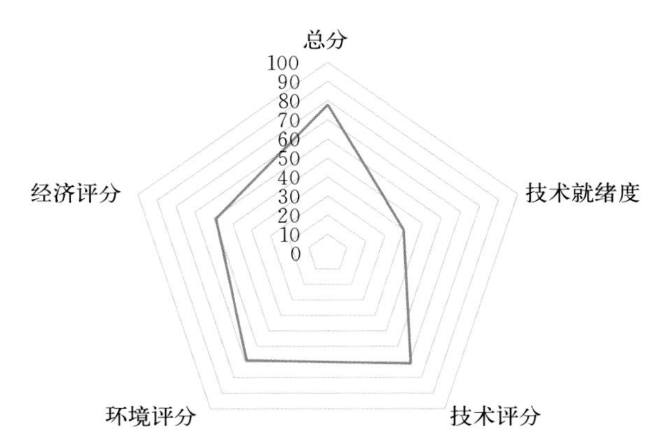

图 4-14　厌氧滤井＋人工湿地处理农村生活污水技术

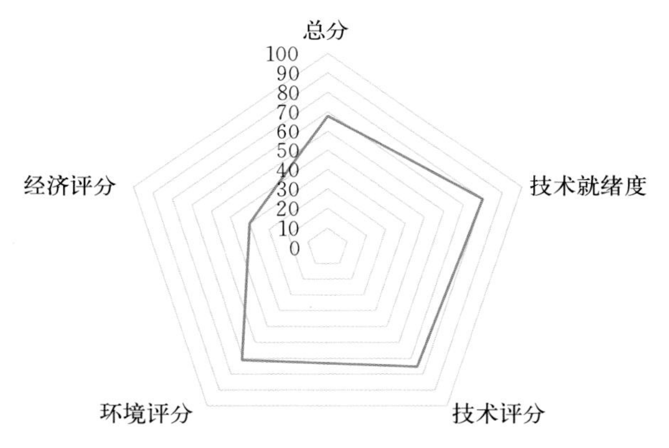

图 4-15　FMBR 兼氧膜生物反应器技术

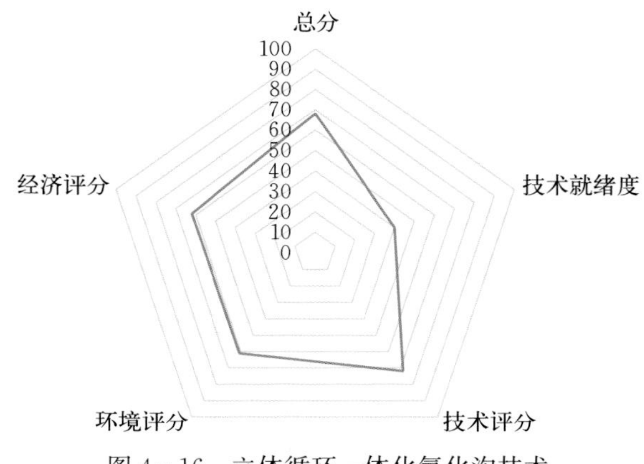

图 4-16　立体循环一体化氧化沟技术

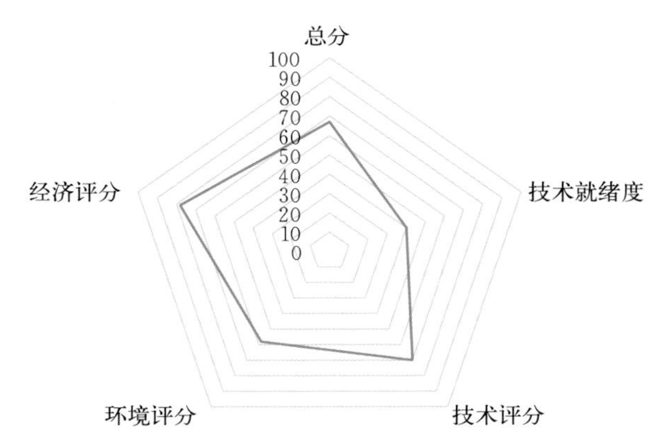

图 4-17　快滤模块-植物生物氧化沟-塘-人工湿地集成技术

(四) 农业农村管理技术综合评估

农业农村管理领域共筛选出农业生产污染控制管理、农村生活污染控制管理、农业清洁小流域综合污染控制管理 3 个技术方向共 9 项单项管理技术。由于管理技术主要考查技术的应用效果及对政策管理的支撑作用，并无类似治理技术的一致性较强的技术、经济、环境指标，且 9 项技术针对的目标需求、应用领域各不相同，采用定性分析方法较为合理。为了对技术的完善程度、推广应用效果进行相对客观的比较分析，在定量分析的基础上，技术评估采用定性分析与定量分析相结合的评估分析方法。

基于定性分析与定量分析相结合的评估分析方法，参照《水专项技术就绪度（TRL）评价准则》，技术评估针对 9 项管理技术统一采用技术就绪度的总体框架进行评估分析，用以获取农业农村管理技术的研发和应用现状的评估分析结果，结合技术与相应领域的政策衔接情况，对技术应用前景作出分析与展望。

二、总体分析

基于层次分析法和技术标杆法的养殖业污染控制技术的评估适用于对 2 种或多种同类农业面源污染防治技术的指标对比和筛选，无法具体分析单项技术的影响。即便该评价方法存在一定不确定性，在赋值过程中会产生一定的绝对误差，但是评估结果所反映出来的进步性还是可以充分看到 3 个五年计划以来畜禽养殖污染控制技术从技术、经济和环境 3 个维度上的技术进步。随着时间的积累和研究的推进，养殖业污染控制技术更加注重技术问题瓶颈，充分考虑并集成了源头的生态养殖、过程的粪污资源化利用以及养殖废水处理、有机肥生产、基质资源化利用等单项技术，在削减污染负荷的同时产生可观的经济效益，故在多维度均得分较高，充分体现技术的实用性和进步性。

首次建立了技术就绪度、层次分析法相结合的农村生活污染治理技术评估体系。其中，技术就绪度评价技术的示范应用和标准化程度，层次分析法则对技术在技术性能、环境效果和经济效益 3 个方面的定量表现进行综合分析。根据评估技术的技术、环境、经济和总评分，并结合技术就绪度对各项技术进行分析，对于就绪度≥6 级、总评分≥75 且技术、环境、经济单项评分均不低于 60 的技术进行推荐，包括 2 项收集技术和 10 项处理技术。其中，功能强化型生化处理＋阶式生物生态氧化塘集中型村落污水组合处理技术、农村污水改良型复合介质生物滤器处理技术、农村生活污水厌氧＋跌水曝气人工湿地处理技术 3 种技术大于 80 分，具有明显的综合优势，在经济、环境等方面具有良好的评分表现。

第四节　技术先进性分析

一、技术创新性评估结果

（一）种植业氮、磷全过程控制技术

47 项种植业氮、磷全过程控制技术中，创新类型以集成创新为主，有 32 项，占比 68%；其次，支撑技术点数量由多到少分别是原始创新、应用提升和引进再创新，分别有 11 项、3 项、1 项，分别占比 23%、7%、2%。

以集成为主的创新类型反映了种植业污染防控领域原有单一技术较多的研究基础。集成创新包括在领域内多个单项目技术的耦合，通过集成实现技术增效的作用。例如，种植业污染源头削减领域“基于水稻专用缓控释肥与插秧施肥一体化稻田氮、磷投入减量关键技术”，集成了肥料减量、缓控释肥配施、机械深施等多项源头削减单项技术，在径流、氨挥发减排、肥料利用效率提升和省时省工方面取得了显著成效。此外，集成创新还包括跨领域多个单项技术的耦合，通过对污染发生、迁移路径上多个反应点位上形成污染排放的控制链条，大幅度提升种植系统的污染削减效率。例如，针对菜地系统氮、磷流失的“基于总量削减-盈余回收-流失阻断的菜地氮、磷污染综合控制技术”，继承了源头削减领域的氮、磷减投，过程拦截领域的沿程阻断以及养分回用领域的回收再利用，实现了菜地系统出水中氮、磷削减以及消纳和深层净

化，保证了出水的达标排放。

占比其次的原始创新，以对特殊种植生境和环境需求的呼应为体现。例如，“坡耕地土壤氮、磷截留与流失阻控的复合植物篱防控技术”，利用坡耕地氮、磷汇流特征，结合污染削减和水土保持的双重需求，因地制宜选用农用废弃物和当地林、灌、草种构建新型植物篱-复合渗滤床系统，实现高比例的氮、磷截留与流失阻控。

虽然种植业氮、磷全过程控制技术中 4 种创新类型的技术数量差异较大，但其占比正是对当前技术需求的体现。

（二）养殖业污染控制技术

对收集梳理的 39 项支撑技术点进行创新性评估，结果见表 4－26。

表 4－26　养殖业污染控制技术创新性评估结果

序号	编号	技术名称	创新类型
1	ZJ32121－01	畜禽粪便和养殖有机垃圾厌氧消化过程消除抑制技术	应用提升
2	ZJ32121－02	粪便无害化快速堆肥与污水深度净化组合处理技术	集成创新
3	ZJ32121－03	利用好氧发酵设备处理畜禽粪便技术	集成创新
4	ZJ32121－04	预处理＋干式厌氧消化技术	原始创新
5	ZJ32121－05	强化干式厌氧消化技术	应用提升
6	ZJ32121－06	农业废弃物清洁制备活性炭技术	集成创新
7	ZJ32121－07	畜禽粪便二段式好氧堆肥技术	集成创新
8	ZJ32122－01	畜禽养殖废水碳源碱度自平衡碳、氮、磷协同处理技术	集成创新
9	ZJ32122－02	好氧单级自养脱氮填埋场渗滤液减质减量技术	集成创新
10	ZJ32122－03	规模化猪场废水高效低耗脱氮除磷提标处理技术	集成创新
11	ZJ32123－01	畜禽养殖业氮、磷减量控制技术	集成创新
12	ZJ32123－02	养殖废水原位生物治理技术	集成创新
13	ZJ32124－01	畜禽养殖粪污沼气发酵物料预处理菌剂及沼气反应器	集成创新
14	ZJ32124－02	畜禽废弃物低能耗高效厌氧处理关键技术	集成创新
15	ZJ32125－01	东北寒冷地区畜禽养殖污染系统控制技术	集成创新
16	ZJ32125－02	辽河源头区农村面源污染防治技术	集成创新
17	ZJ32131－01	畜禽养殖废弃物异位微生物发酵床处理与资源化利用技术	集成创新
18	ZJ32131－02	养殖废弃物高效堆肥复合微生物菌剂及功能有机肥生产技术	集成创新
19	ZJ32131－03	有机肥生产技术	应用提升
20	ZJ32131－04	有机废弃物卧式干式厌氧发酵技术	应用提升
21	ZJ32131－05	畜禽养殖废弃物立式厌氧干发酵技术	集成创新
22	ZJ32131－06	发酵床垫料制有机肥	应用提升

（续）

序号	编号	技术名称	创新类型
23	ZJ32133－01	固体废弃物基质化利用技术	集成创新
24	ZJ32133－02	发酵床垫料及沼渣有机肥配方技术	应用提升
25	ZJ32135－01	高浓度有机污水制备生物基醇	原始创新
26	ZJ32212－01	新型饮水器和两坡段干湿分离养猪生产污水削减技术	集成创新
27	ZJ32215－01	基于无害化微生物发酵床的养殖废弃物全循环技术	集成创新
28	ZJ32215－02	规模化以下移动式生态养殖（养猪）技术	集成创新
29	ZJ32221－01	奶牛粪便快速干燥堆肥技术	应用提升
30	ZJ32223－01	高密度养殖区水源保护组合处理技术	集成创新
31	ZJ32225－01	山地果畜结合区面源污染控制技术	应用提升
32	ZJ32225－02	畜禽养殖与生态种植相结合的山地种养平衡低排放技术	集成创新
33	ZJ32313－01	水产养殖膜生物法水质净化技术	引进转化
34	ZJ32314－01	水产养殖污染物削减技术	集成创新
35	ZJ32314－02	食性差异与空间互补的水产混养技术	集成创新
36	ZJ32321－01	湖滨区水产养殖污染零排放的污染控制技术	集成创新
37	ZJ32321－02	温室甲鱼废水生态净化处理成套技术	集成创新
38	ZJ32322－01	养殖水序批式置换循环生态处理与再利用技术	集成创新
39	ZJ32322－02	河口湿地养殖水体污染的物理-生物联合阻控与水质改善技术	集成创新

养殖业污染控制技术共包含 39 项支撑技术点，其现状技术就绪度均超过 4 级，其创新性评估结果如图 4－18 所示，创新类型以集成创新为主，有 28 项，占比 72%；其次，支撑技术数量由多到少分别是应用提升、原始创新和引进再创新，分别有 8 项、2 项、1 项，分别占比 20%、5%、3%。

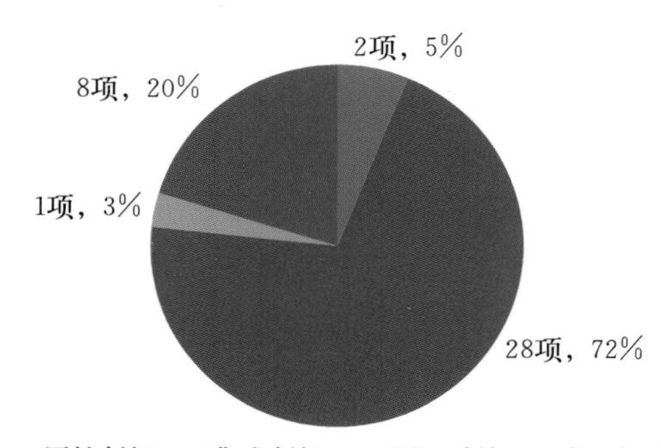

图 4－18　养殖业污染控制支撑技术点创新性评估结果分析

畜禽养殖污染控制技术，基于“源头减量-生物发酵-全程控制-农牧一体-循环利用”原则，从源头、过程、末端开展针对性攻关，形成了好氧发酵、厌氧产沼、原位腐熟、功能菌剂等一系列创新技术，对因地制宜的流域养殖污染控制技术模式建立提供了有力技术支撑。以基于微生物发酵床的养殖废弃物全循环成套技术为代表的系列成套技术和关键技术，相继研制了饲料益生菌产品，改进了多种生态养殖模式，实现了养殖成本降低和源头污染零排放控制；率先提出了养殖粪污异位发酵床处理模式，实现废水高效处理；构建了源头减量、全程控制和资源循环利用的养殖污染控制系统方案，有力支撑流域区域养殖粪污和农田秸秆资源化循环利用。

（三）农村生活污水治理技术

农村生活污水具有水量小、排放无序、点多面广等特点，且普遍缺乏专业管理人员，迫切需要成本低、易维护、效果稳定且便于资源化利用的治理技术。为破解现有农村污水治理技术运行成本高、脱氮除磷效果差、资源化利用水平低等技术瓶颈，水专项研发了一批符合农村特点的生物生态组合技术与高效一体化处理技术。①模式创新：创新氮、磷资源化利用的污染净化型农业模式，实现生产、生活、生态融合；②工艺优化：创新研发一系列生物生态组合技术与高效一体化处理技术，具有节能、节地、运行维护简单等特点；③节能设备开发：利用地形势能的曝气设备、一体化设备无动力回流结构、自动增氧通风耦合系统等降低了运行能耗；④高效材料开发：复合介质强化兼氧-好氧微区形成，提高反硝化效果；火山岩、蚌壳等富含钙离子填料提高除磷效率。

二、技术先进性评估结果

（一）种植业方面

受经济发展和城市化不断推进的影响，我国耕地面积一直处于人均较低的世界水平。因此，对单位农田的产出需求与地广人稀的其他国家相比更为紧迫。保证高产、维持土地生产力的可持续发展是关系国家稳定的战略性问题。种植业面源污染问题起源于生产投入品的过量使用，而肥料投入对作物产量的提升作用不可否认，温饱问题带来的生产高度集约化是导致种植业面源污染问题在我国较为频发的主要原因。由此，与国际其他区域相比，我国在种植业面源污染控制技术的研发上要多应对两大特殊挑战——稳产和环境问题的平衡及不占用额外耕地的条件下解决环境问题。对此，水专项自“十一五”至“十三五”期间，先后完成了对种植业面源污染治理关键技术的研发、集成技术的示范和成套技术的构建。以高效、便捷、低成本为要求，产出了符合国情农业生产所需、水平先进的相关技术，将我国种植业面源污染治理技术发展由“十一五”初期的起步阶段推动至国际并行甚至领先的地位。

（二）养殖业方面

就国外最新资料来看，对经济发达国家而言，粪便作肥料还田成为主要出路；对发展中国家来说，粪便作饲料仍是主要出路。目前，欧美、日本等经济发达国家基本上不主张用粪便作饲料，东欧和独联体国家主张粪水分离，固体粪渣用作饲料，液体部分用于生产沼气或灌溉农田。而国内用畜禽粪便作肥料、饲料和燃料的3种方式均有应用。在我国的现实社会环境中，由于畜禽废弃物数量大、品质差、危害多的特点，人们对其价值还存在一些消极的观念，没有放在整个社会循环系统中考虑，导致对畜禽废弃物资源化利用的重视程度不够、资源总量估计不清、技术支撑不足、政策引导不力等的现实问题，阻碍了畜禽废弃物资源化利用与生物质能利用技术的发展、推广和应用。

从废弃物处理工艺设备或设施上来说，目前，国内外畜禽粪便处理工艺主要采用好氧堆肥、厌氧发酵、高温烘干及堆腐晾晒等。

对于我国，目前限制大中型畜禽养殖场发展的主要问题有2个：一是基建投资高，二是沼气出水浓度太高。若结合生态学上“整体、协调、循环、再生”的原则，此问题是可以解决的。

养殖模式创新和养殖用水的循环利用是我国水产养殖技术发展方向。目前养殖片面追求产量，盲目采用高密度的养殖手段，导致产生大量废弃物，病虫害发生率上升，伴随大量化学药品的使用和尾水外排，会严重危害水域环境。通过养殖模式创新与应用，坚持“提质增效、减量增收、绿色发展”策略，改变传统池塘落后的生产方式，推广疫苗免疫、生态防控、多营养层次综合养殖、种养结合、池塘连片尾水处理生态化养殖、循环水养殖等措施，推进兽药减量、配合饲料替代冰鲜幼杂鱼、用水和养水相结合等行动，加强池塘标准化改造，配置生态沟渠、生态塘、潜流湿地等尾水处理设施或升级改造，构建水产养殖业绿色发展的空间格局、产业结构和生产方式。推进养殖尾水治理和养殖废弃物利用，采取进排水改造、生物净化、人工湿地、种植水生植物等技术措施开展集中连片池塘养殖区域和工厂化养殖尾水处理，推动养殖尾水资源化利用或达标排放。

（三）农村生活污水方面

农村生活污水收集技术研发重点在技术稳定性、经济这2个方面，收集处理一体化技术除上述2个方向外，还提高了技术的高效集约与资源化利用。源分离新型排水技术有效地将分离理念和排水技术相结合，黑水、灰水源头分离，提高黑水资源的利用率。新技术较好地解决了农村地区社会、经济、环境等基本情况复杂，不同农村的污水处理技术需求差异较大的问题，在处理污水达标排放的同时创造经济效益，为农村地区生活污水的处理提供应用保证，实现氮、磷资源化利用，构建污染净化型农业，并且推动新技术在该领域内的深入发展。针对管网难以铺设的区域开发并提升负压分散收集技术自动化，解决了部分地区管网难以收集和维护的问题。处理技术方面从“十一五”初期的生物法（接触氧化法、活性污泥、生物转盘），为破解农村污水处理技术运行成本高、脱氮除磷效果差、资源化利用水平低等技术瓶颈，积极借鉴国外成熟技术进行本土化探索，脱氮除磷技术、生物生态组合技术成为这一时期关注热点，逐步演变为生态技术（湿地、氧化塘）和组合技术（生物＋生态）、A/O接触氧化等为主，生态技术和组合技术（生物＋生化）成为适用技术的主流，解决了目前农村地区的资金和管理问题，更具有适用性。在资源化利用技术方面，灌溉农用和污水杂用技术的研发逐渐受到重视，重点解决了灌溉农用和污水杂用技术如何除去重金属、降低成本等问题。农村生活污水治理技术发展进入了技术优化和工程化应用阶段，地方排放标准对接、长效运行机制研究成为研究热点，涌现了大量与排放标准对接、适用于农村特点的节能及高效处理技术，实现了标准化、成套化、设备化，同时完善了农村生活污水治理设施管理、维护，基本形成了农村生活污水治理的管理体系。

（四）农业农村管理方面

目前，我国关于农业农村管理技术的研究和应用还停留在单一管理措施的研究和试点应用的层面，尚未形成系统的农业农村综合管理措施体系和标准化的信息动态监测与管理平台，难以满足我国流域面源污染综合管理及农业清洁小流域构建的管理需求，也落后于国际上应用较多的通过最佳管理措施（BMPs）实现流域综合管理的技术支撑体系。

第五章　技术进步贡献及应用前景分析

第一节　技术进步贡献分析

一、主流技术

主流技术清单如表 5-1 所示。

表 5-1　主流技术清单

序号	技术名称	技术方向
1	“源头减量-过程阻断-养分循环利用-生态修复”的 4R 技术体系	种植业
2	基于总量削减-盈余回收-流失阻断的菜地氮、磷污染综合控制技术	种植业
3	基于无害化微生物发酵的种养废弃物全循环技术	养殖业
4	东北寒冷地区畜禽养殖污染系统控制技术	养殖业
5	农村生活污水厌氧＋跌水曝气＋经济型人工湿地处理技术	农村生活污水
6	农村生活污水反硝化脱臭＋水车驱动生物转盘＋浸润度可控型潜流人工湿地处理技术	农村生活污水

（一）“源头减量-过程阻断-养分循环利用-生态修复”的 4R 技术体系

该成套技术针对农田面源污染控制的难点问题，创建了以减少农田氮、磷投入为核心，拦截农田径流排放为抓手，实现排放氮、磷回用为途径，水质改善和生态修复为目标的农田种植业面源污染治理集成技术［源头减量（Reduce）-过程阻断（Retain）-养分循环利用（Reuse）-生态修复（Restore），简称 4R 技术］，集水控污-节水减污-水肥循环利用等防控技术，以小汇水区为控制单元，实现大面积及连片农田面源污染的有效削减和输出控制（图 5-1）。

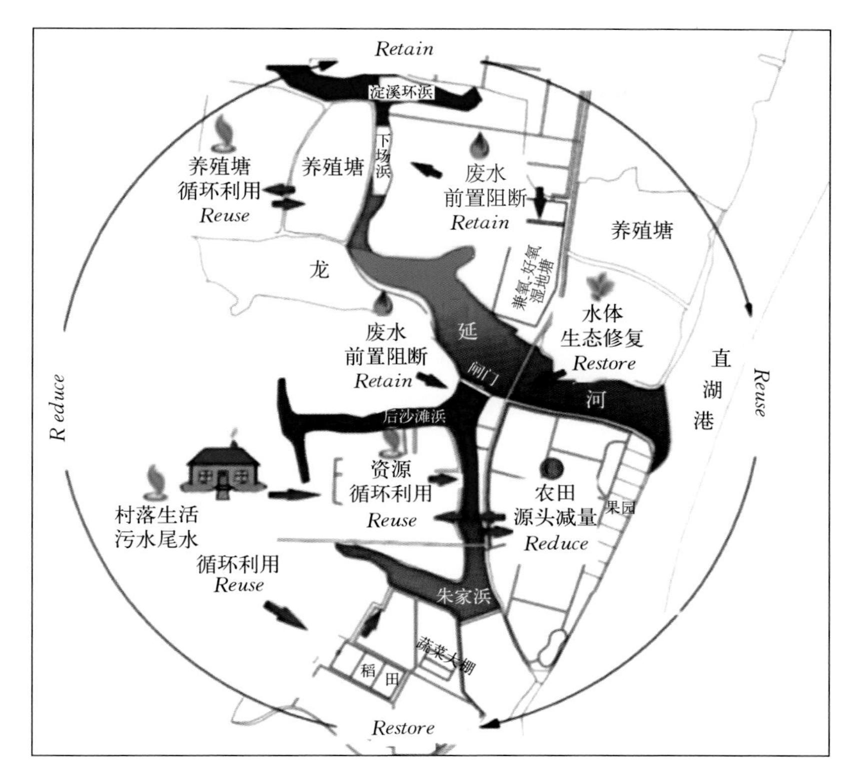

图 5-1 “源头减量-过程阻断-养分循环利用-生态修复”的 4R 成套技术架构

源头减量技术，其技术原理是以保证作物产量为核心，以作物养分需求为指导，并考虑土壤的养分供应能力进行施肥，使得施入的肥料尽量能被作物完全吸收利用，从而提高肥料利用率，达到减少化肥投入、降低面源污染的目的。创新点在于按照作物的需肥规律，充分利用土壤所储存的养分，在保证作物产量的基础上，实现氮、磷投入的减量。

源头减量技术是一个技术组合，包括基于目标产量和肥料效应函数的氮肥优化使用技术、基于作物冠层光谱或叶色的按需施氮技术、新型缓控释肥料技术、有机肥替代减量技术，以及基于种植制度/轮作制度调整的源头减量技术。

污染物的拦截阻断技术，其技术原理是通过一些物理的、生物的以及工程的方法等对污染物进行拦截阻断和强化净化，延长其在陆域的停留时间，最大化减少污染物进入水体的数量。生态拦截沟渠技术是面源污染过程阻断技术中的重要代表。创新点在于对现有排水沟渠的生态改造和功能强化，利用物理、化学和生物的联合作用对污染物（主要是氮、磷）进行强化净化和深度处理，不仅能有效拦截、净化农田污染物，还能汇集处理农村地表径流以及农村生活污水等，实现污染物中氮、磷等的减量化排放或最大化去除。

循环利用技术，即将污染物中包含的氮、磷等养分资源进行循环利用，达到节约资源、减少污染、增加经济效益的目的。生态修复是农村面源污染治理的最后一环，也是农村面源污染控制的最后一道屏障，狭义地讲，其主要指对水体生态系统的修复，通过一些生态工程修复措施，恢复其生态系统的结构和功能，包括岸带和护坡的植被、濒水带湿地系统的构建、水体浮游动物及水生动物等群落的重建等，从而实现水体生态系统自我修复能力的提高和自我净化能力的强化，最终实现水体由损伤状态向健康稳定状态转化。

1. 该成套技术的主要创新技术点

（1）轮作制度调整。由稻麦/稻油轮作变为稻-绿肥/稻-豆轮作；菜由单一搭配模式变为深根-浅根蔬菜间作、填闲作物；由单一果树变为果草（三叶草、紫云英）间作。

（2）施肥优化。稻采用高产低排的缓控释肥技术、有机无机配施和按需施肥技术；菜采用水肥一体化技术、按需施肥技术；果采用专用缓控释肥技术结合有机肥深施技术。

（3）径流拦截。改传统的水泥沟渠为生态沟渠、农田排水末端建立不施肥的生态拦截带、排入河前先进湿地塘净化。

2. 适宜技术　针对种植系统（稻田、菜地和果园系统）不同的化肥投入特点和污染发生特征，从“源头减量”“过程阻断”“养分循环利用”“生态修复”各领域选择适宜技术。

（1）稻田系统。针对集约化稻田化肥投入量高、肥料利用率低、氮素流失严重等特点，采用基于减量和循环利用的稻田污染减排与净化技术。在太湖流域一级保护区或沿河/湖区域，改传统的稻麦轮作为稻-紫云英绿肥轮作；对不能改制的稻麦轮作系统，实行优化氮肥管理，稻季采用按需施肥、施用新型缓控释肥等，麦季采用有机无机配施，减少氮肥投入30%～40%，显著减少氮排放25%～30%。此外，配合生态沟渠以及在排水末端设置无肥过滤缓冲带或人工湿地，进一步拦截和吸收利用排水中的氮、磷养分，减少稻田系统的污染排放。

（2）菜地系统。针对设施菜地化肥投入量高、肥料利用率低、土壤养分累积率高等特点，采用总量削减-盈余回收-流失阻断的两低两高型菜地氮、磷污染综合控制技术。减少集约化菜地的氮肥用量30%左右；并在夏季高淋洗期（揭棚期）种植高效吸收型填闲作物甜玉米，不施肥，有效减少氮淋洗30%～

60%。此外，配合生态拦截沟渠，并在夏季充分利用稻田湿地的强化净化作用，进一步减少菜地系统的污染排放。

(3) 果园系统。针对集约化桃园施肥量大、次数多、肥料埋深浅、养分损失量大等特点，采用水蜜桃园专用缓控释肥减量深施与生草截流控害技术。减少化肥投入量20%以上，同时增加施肥深度至15～20厘米，拦截径流颗粒物质70%，减少可溶性氮、磷15%以上，减少氮、磷径流损失70%～80%，降低氨挥发近90%，显著提高肥料利用率30%，减少农药用量15%～20%，降低害虫密度27%，提高桃园品质和产量。此外，配以生态沟渠，把桃园排水引入稻田和生态塘，充分发挥稻田湿地和生态塘的净化功能，使养分循环利用，排入水中氮、磷浓度逐级递减。

该成套技术在太湖流域、巢湖流域、滇池流域、洱海流域、三峡库区等全国各大农田面源污染严重区域开展了推广应用。累计应用面积达5 000万亩，化肥减投以及氮、磷减排效果显著；实现了生态效益、经济效益最大化；大力推动了农业清洁小流域构建，获得了较高的社会认可。

(二) 基于总量削减-盈余回收-流失阻断的菜地氮、磷污染综合控制技术

该成套技术主要通过在蔬菜地源头的氮、磷投入上进行总量控制-盈余氮、磷回收利用-流失氮、磷拦截阻控，集成创新菜地氮、磷污染综合控制技术。遵循以下3个原则：一是减量化原则：改进农艺措施，提高氮、磷利用率，减少氮、磷投入，使排水口处径流中氮、磷浓度最小化；二是再利用原则：菜地径流通过水量调蓄池收集回灌菜地、夏季稻田/冬季水芹田，实现盈余氮、磷的循环利用，达到近零排放；三是兼顾效益原则：在解决生产中资源浪费、环境污染、土壤退化等生态环境问题的同时，确保较高的经济效益，最终实现蔬菜地的清洁化生产（图5-2）。

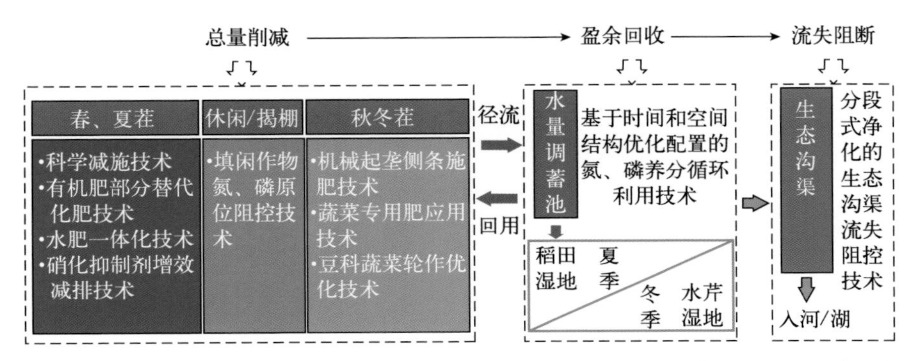

图5-2　基于总量削减-盈余回收-流失阻断的菜地氮、磷污染综合控制成套技术架构

总量削减-盈余回收-流失阻断各环节使用技术组成中的至少一项技术。具体来说：

在总量削减上，根据蔬菜生长季节针对性地进行氮、磷流失防控，春、夏茬主要采用科学减施技术、有机肥部分替代化肥技术、水肥一体化技术、硝化抑制剂增效减排技术；休闲揭棚期采用填闲作物氮、磷原位阻控技术；秋冬茬主要采用机械起垄侧条施肥技术、蔬菜专用肥应用技术、豆科蔬菜轮作优化技术等，实现源头氮、磷投入负荷的降低，减少径流中氮、磷的排放量。

在盈余回收上，通过基于时间和空间结构优化配置的氮、磷养分循环利用技术实现氮、磷径流的回收，达到近零排放的效果。

在流失阻断上，主要通过生态沟渠拦截、分段式净化的生态沟渠流失阻控技术等，实现径流氮、磷负荷的进一步削减。

通过多种技术、多级阻控的集成示范，建立了源头减量-原位阻控-循环再利用-多级防控的菜地氮、磷污染综合控制技术，实现菜地的清洁化生产，获得了一定的社会效益和生态效益。

（三）基于无害化微生物发酵的种养废弃物全循环技术

该成套技术主要通过微生物发酵模式控制养殖废弃物外排，以源头控制理念，采用多途径的协同处理，将养殖场废弃物全部处理后，建立流域资源转化中心，将养殖废弃物全部资源化利用转化为有机肥和生物有机肥等产品，以经济效益带动流域的污染处理，有效削减流域的养殖业污染负荷，实现种养一体化耦合（图 5-3）。

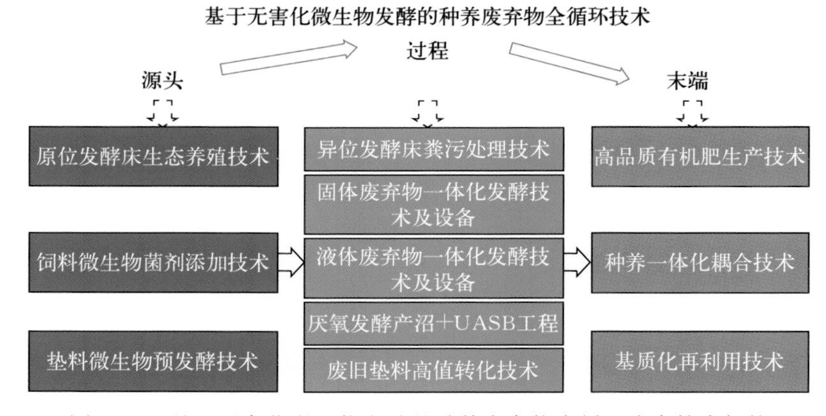

图 5-3　基于无害化微生物发酵的种养废弃物全循环成套技术架构

源头-过程-资源化利用各环节使用技术组成中的至少一项技术。具体来说：

在源头，主要采用原位发酵床生态养殖技术、饲料微生物菌剂添加技术、垫料微生物预发酵技术等，实现源头氮、磷投入负荷的降低，减少后续废弃物的产生量。

在过程中，原位发酵床技术主要是利用发酵床内的微生物将养殖粪尿进行原位分解；异位发酵床+固体一体化发酵技术主要是将养殖粪尿转移到异位发酵床内进行发酵处理，并利用固体发酵罐进行深度发酵处理，从而实现养殖粪污资源化利用，降低粪污外排污染水体的风险；针对养殖场尿液的污染问题，液体一体化发酵技术采用一体化液体发酵装置，实现废液的大规模连续发酵；厌氧发酵产沼气技术的后续资源化利用主要是将厌氧发酵产生的沼液收集到一个发酵池内，并添加微生物发酵剂进行深度发酵处理，对于部分过量的沼液，还可通过 UASB 工艺进行处理，从而实现还田利用或达标排放。

在资源化利用中，经好氧或厌氧过程生成高品质有机肥，制备菌菇生产基质，构建种养一体化耦合技术系统。

通过多种技术的“串联应用”示范，建立了以微生物发酵技术为核心的畜禽养殖污染控制系统方案，实现种养废弃物的全循环，获得了一定的社会效益和生态效益。

（四）东北寒冷地区畜禽养殖污染系统控制技术

该技术针对畜禽养殖污染防治滞后、工艺复杂、污染控制技术不成熟、通用性低等特征，尤其在东北寒冷地区技术效率低等因素，在充分了解国内外畜禽养殖污染防治技术，全面分析典型地市在规模化畜禽养殖场污染防治技术应用现状的基础上，选择部分典型污染治理设施的处理效果实测，并结合模拟实验与工程应用效果，集成并优选出符合规模养殖场，适合东北寒冷地区畜禽养殖污染防治特点的系统控制技术模式。

1. 固液分离式厌氧无害化-还田利用模式　该工艺是一种传统的、经济有效的粪污处置方法，适用于规模较小的养殖场（图 5-4）。采用畜禽养殖干清粪的养殖方式，粪便通过简单堆肥发酵后储存或直接农业利用，堆肥场根据养殖规模确定，堆肥场做好防雨防渗处理，储存场容积不小于当地农业种植需肥间隔最大期粪便储存量；养殖污水进入厌氧发酵池处理，厌氧出水设置储水池临时储存，储存池容积不小于当地农业种植闲季或雨季最长厌氧出水量，厌氧池出水设置管道（喷灌或滴灌）进入农田利用（有地势差的水作地可采用自流形式）。农业种植根据当地土壤肥力和种植作物需肥量采用测土配方施肥，在保证农业生产经济效益的前提下，合理施用畜禽粪便等各种肥料，并合理控制施用量，以免导致在农业利用过程中氮素盈余而造成地下水的污染；定量评估区域农田土壤生态系统中氮素的转化、迁移和承纳能力，维持氮素平衡。

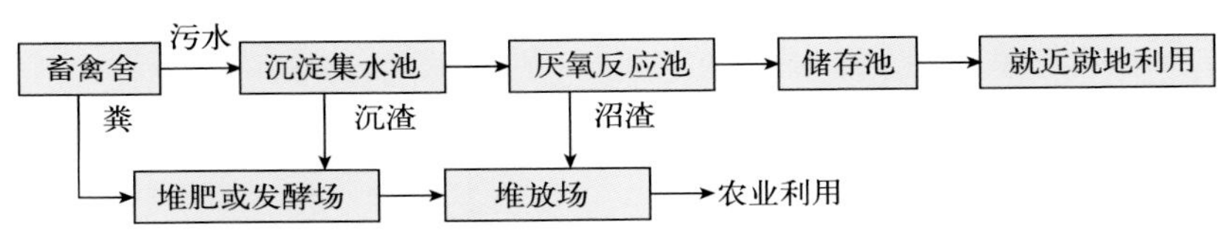

图 5-4　固液分离式厌氧无害化-还田利用模式

2. 固液分离-厌氧无害化-还田利用模式　该工艺要求畜禽养殖采用干清粪的养殖方式，畜禽粪便在固体发酵池厌氧发酵生产沼气，沼渣经脱水后储存农业利用或进一步加工成有机肥，产生的高浓度沼液则必须经有效储存后就近就地利用，沼气作为生物质能源利用（图 5-5）。养殖污水进入厌氧发酵池处理，厌氧出水设置储存池临时储存，储存池容积为当地雨季最长降水时间情况下厌氧出水体积的 1.2～1.5 倍，厌氧池出水设置管道（喷灌或滴灌）进入农田利用（有地势差的水作地可采用自流形式），在非农业种植施肥期或超过农业用地施肥需求量的部分用于其他种植作物用地浇灌；沼气收集后用于发电。农业种植根据当地土壤肥力和种植作物需肥量采用测土配方施肥，在保证农业生产经济效益的前提下，合理施用畜禽粪便等各种肥料，并合理控制施用量，以免导致在农业利用过程中氮素盈余而造成地下水的污染。定量评估区域农田土壤生态系统中氮素的转化、迁移和承纳能力，维持氮素平衡。

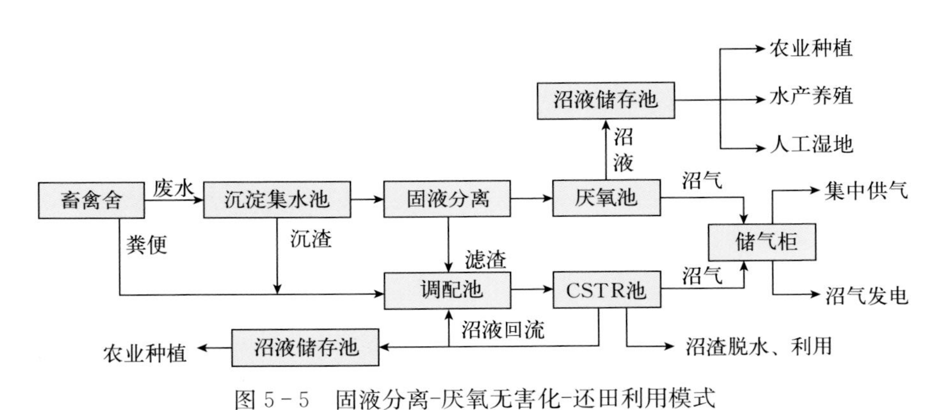

图 5-5　固液分离-厌氧无害化-还田利用模式

3. 固液分离-好氧堆肥-厌氧发酵-达标排放模式　该工艺采用畜禽养殖干清粪的养殖方式，粪便通过好氧堆肥发酵后加工成有机肥，可有效调控养殖废弃物产生与种植需肥量之间在时间与空间上的不协调问题；有机肥加工车间采用工厂化生产模式，生产出的有机肥达到国家有机肥生产标准的，可进入市场销售。养殖污水进入厌氧发酵池处理，产生的沼气储存于储气柜中用于提供燃气或发电，沼液则通过好氧工艺与深度处理后直接排入自然环境乃至回收利用（图5－6）。如直接排入自然环境，要求最终出水达到国家或地方规定的排放标准；如处理后回收利用，则要求处理后的污水达到回收利用的要求或标准。

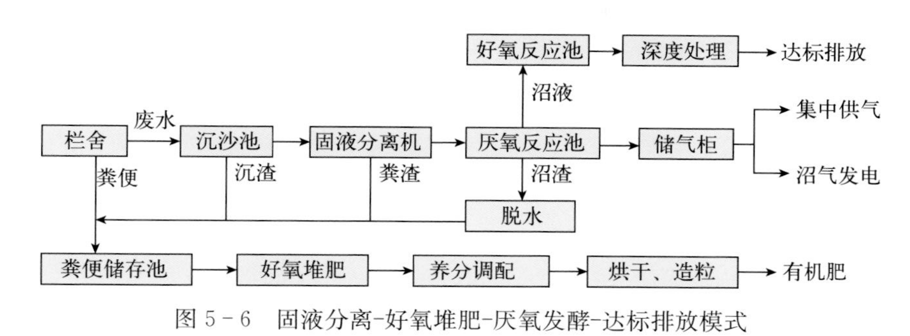

图5－6　固液分离-好氧堆肥-厌氧发酵-达标排放模式

4. 水泡粪-储存利用模式　水泡粪是欧美国家普遍采用的生猪养殖方式，粪尿一并储存于栏舍下粪沟中，定期排出。该养殖方式节省劳动投入、用水量少，适用于栏舍建设水平较高的大型规模化生猪养殖场，又由于一次排出的粪污量大，需要大规模化农业种植用地配套施用。因此，只适合于土地规模化经营程度高、周边集中连片设施化农业种植发达的大中型生猪养殖场。

（五）农村生活污水厌氧＋跌水曝气＋经济型人工湿地处理技术

该成套技术针对农村生活污水排放分散、基础设施落后、技术储备匮乏、运行管理难度大等现状问题，基于“因地制宜、高技术、低投资与运行成本、资源化利用”的可持续发展原则，首次识别了农村生活污水的特性与资源化利用的条件和价值，充分考虑“农村、农业、农民”的特点和需求，将生物处理单元与生态处理单元相融合：由生物处理单元去除有机物，生态处理单元作为污染净化型农业实现氮、磷去除和资源化利用。与常规技术相比，由于生物处理单元只去除有机物，不专门设计除磷脱氮功能，从而大幅度简化了生物处理单元，既降低了建设成本，又使得运行维护简单，适应了农村的管理需求；在生态处理单元，筛选氮、磷吸收能力强且生物量大的空心菜、莴苣、水芹等经济性作物替代芦苇、香蒲等传统湿地植物，在尾水氮、磷资源化利用的同时，产生可观的经济效益（图5－7）。

该技术生物处理单元以有机物去除为主，力求高效、低耗、易维护。主体需由厌氧段和好氧段组成，主要可选技术包括大深径比厌氧反应器、折板高效厌氧反应器、阶梯式与交错式跌水充氧反应器、复合强化脉冲生物滤池装置。生态处理单元利用氮、磷构建污染净化型农业，产生效益。可选技术包括水生

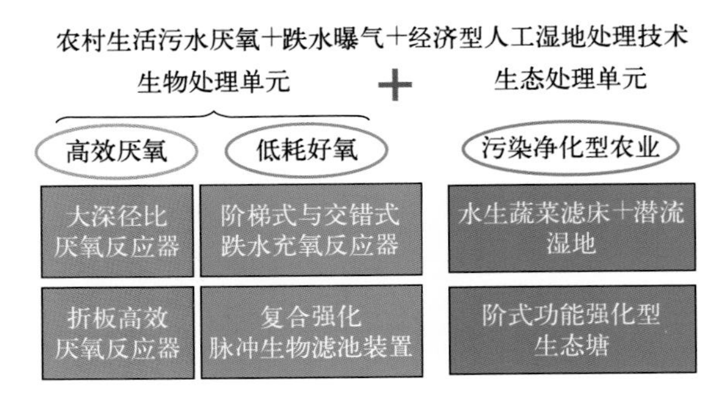

图5-7　农村生活污水厌氧+跌水曝气+经济型人工湿地处理成套技术架构

蔬菜滤床+潜流湿地、阶式功能强化型生态塘。

通过上述单元技术的系统集成和优化组合，可构建多种因地制宜，并且具有节能、高效、低维护、景观化、园林化特征的菜单式可选工艺流程，形成可满足不同农村背景条件与需求、高适应性的系统方案，突破复杂农村条件下的技术适应性难题，与农业农村部提出的“利用为先，就地就近”指导意见密切联系，为农村生活污水治理提供了高效、适用、资源化、标准化、成套化的技术和装备。

（六）农村生活污水反硝化脱臭+水车驱动生物转盘+浸润度可控型潜流人工湿地处理技术

该成套技术在“农村生活污水厌氧+跌水曝气+经济型人工湿地处理技术”的基础上，针对地下厌氧设施建设成本高、低耗好氧单元充氧效率低的问题，在保证低耗高效的前提下，通过缺氧反硝化单元与高效水车驱动生物转盘技术组合，实现了前置厌氧设施的取消（图5-8）。

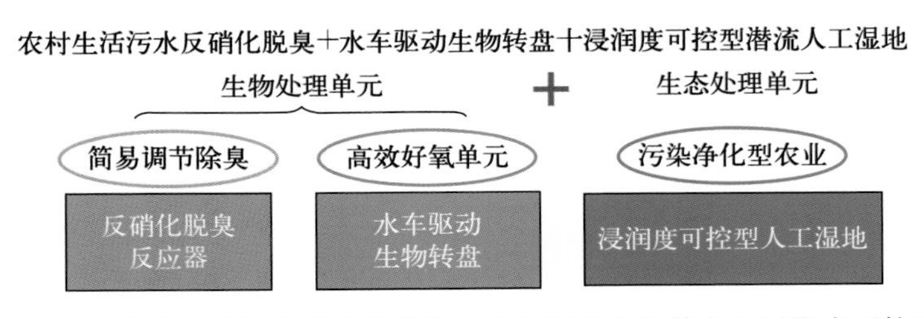

图5-8　农村生活污水反硝化脱臭+水车驱动生物转盘+浸润度可控型潜流人工湿地处理成套技术架构

反硝化脱臭反应器在调蓄进水的同时，利用回流硝化液和剩余溶氧，稀释并氧化污水中的还原性致臭物质，无需增建设施或外加药剂，成本低廉，管理简单。水车驱动生物转盘采用跌水自驱动方式，通过跌水充氧、溅水充氧和暴露富氧的三重作用实现高效好氧反应，工艺仅需一个水泵，无人值守运行。浸润度可控型潜流人工湿地通过出口水位控制，灵活调整湿地水位浸润度，引导湿地植物根系纵向的生长，使湿地经济植物生长始终处于优势状态，获得氮、磷高转化率和植物高产；同时，强化大气复氧能力，改善湿地内部的氧环境，优化潜流湿地内微生物环境，强化湿地处理效果。

该成套处理技术内核仍为生物处理单元与生态处理单元的结合，在前期技术的基础上利用水车充氧有效去除有机物，将施工要求较高的厌氧段简化成较为简单的缺氧调蓄池，降低建设成本，提高设施安全性，有利于在农村地区推广建设。

二、核心装备

核心装备清单如表 5－2 所示。

表 5－2　核心装备清单

序号	装备名称	技术方向
1	奶牛粪便好氧 SF 设备	养殖
2	干式厌氧发酵（卧式）反应器	养殖
3	养殖粪便高效固体发酵罐	养殖
4	高效回用小型一体化污水处理装备	生活
5	FMBR 兼氧膜生物反应器	生活
6	高效跌水充氧反应器	生活

详细的装备名片如表 5－3 至表 5－8 所示。

表 5－3　奶牛粪便好氧 SF 设备

设备基础信息	设备名称	奶牛粪便好氧 SF 设备
	标准化关键词	奶牛粪便　好氧
	设备名片编号	ZB－04
	课题名称	流域面源污染处理设备研发及产业化基地建设
	课题编号	2010ZX07105007
	研究单位	云南顺丰洱海环保科技股份有限公司
	示范工程信息	SF－12　云南顺丰生物肥业环保科技股份有限公司奶牛粪便快速干燥堆肥
	对应的成果产出	Ⅰ发明专利 ZL32－22　一种用于有机肥生产的发酵罐的搅拌装置　ZL201320057063.1 ZL32－23　一种用于有机肥生产的发酵罐的加热装置　ZL201320057050.4 ZL32－24　一种用于有机肥生产的发酵罐的充氧装置　ZL201320057049.1 ZL32－24　一种用于有机肥生产的立式敞口发酵罐　ZL201320057062.7

（续）

<table>
<tr><td rowspan="6">设备参数信息</td><td>设备阶段</td><td colspan="4">工程示范</td></tr>
<tr><td>适用范围</td><td colspan="4">规模养殖场</td></tr>
<tr><td>设计参数</td><td colspan="4">堆肥前在养殖废物中先加入40%的烟末混合均匀后，然后加入5%的生石灰，摊开静置5分钟后加入2%的pH调节剂并混合均匀，静置2分钟；接着加入0.5%的接种物混合均匀后开始堆肥，堆积高度为1.5米；在堆肥过程中监测堆体温度，堆体温度达到60℃以上时进行第一次翻堆；随后每3～4天进行一次翻堆，堆体温度降至40℃以下且不再升高时，堆肥结束</td></tr>
<tr><td>配套要求</td><td colspan="4">相应面积的场地和合理的电力配套，需要有排水、排气设施</td></tr>
<tr><td>运行控制</td><td colspan="4">高含水率奶牛粪便加入生石灰后，5天堆体温度便达60℃，腐熟过程耗时仅27天；根据养殖废物快速干燥堆肥化技术得到的有机肥产品，有机质含量为60.93%，有机质的损失为11.89%（与常规堆肥方法的11.81%接近），氮、磷、钾的含量分别为2.3%、2.1%、3.2%，已达到有机肥产品质量标准，与常规堆肥方法得到的产品相比，该技术得到的产品磷含量比常规堆肥方法的产品增加了40%</td></tr>
<tr><td colspan="5"></td></tr>
<tr><td rowspan="3">评估指标</td><td>技术</td><td colspan="4">技术稳定性：中等
生产影响率：影响较小
资源化利用率：90%以上
运行管理难易度：自动化运行
使用寿命：5年</td></tr>
<tr><td>经济</td><td colspan="4">投资：投资较大
占地面积：需要建设粪污处理工程
运行费：运行费较高
技术收益：一般
节约资源：可以产出优质肥料</td></tr>
<tr><td>环境</td><td colspan="4">氮削减效果：资源化利用排放低
磷削减效果：资源化利用排放低
COD削减效果：资源化利用排放低
二次污染：几乎无二次污染
人体健康：对人体几乎无影响</td></tr>
<tr><td rowspan="2">初步评估结果</td><td colspan="2">技术就绪度（立项初）</td><td>2</td><td>技术就绪度（项目完成）</td><td>5</td></tr>
<tr><td>技术创新类型</td><td colspan="4">□原始（理论）创新 □集成创新 □引进转化创新 ☑技术应用提升</td></tr>
</table>

表 5-4 干式厌氧发酵（卧式）反应器

设备基础信息	设备名称	干式厌氧发酵（卧式）反应器
	标准化关键词	干式发酵
	设备名片编号	ZB-05
	课题名称	重点流域畜禽养殖污染控制区域解决方案产业化示范
	课题编号	2014ZX07114001
	研究单位	清华大学
	示范工程信息	SF-24 北京中持绿色能源环境技术有限公司有机废弃物卧式干式厌氧发酵工程
	对应的成果产出	Ⅰ发明专利 ZL32-27 用于干式厌氧发酵的搅拌装置 ZL201410649573.7 ZL32-28 用于有机废弃物干式厌氧发酵系统的真空出料装置 ZL201420685066.4 ZL32-29 一种用于干式厌氧发酵的加热系统 ZL201520633323.4
设备参数信息	设备阶段	工程示范
	适用范围	畜禽养殖场或粪便处理中心
	设计参数	主要是在厌氧环境下，厌氧和兼性厌氧微生物分解有机物产生沼气的过程。主要分为3个阶段：第一阶段是水解阶段，将多糖分解成单糖或二糖，蛋白质分解为肽和氨基酸，脂肪分解成甘油和脂肪酸；第二阶段是产酸阶段，将第一阶段生成的大分子有机酸和醇类继续分解成小分子有机酸，同时生成氢气和二氧化碳；第三阶段是产甲烷阶段，在严格的厌氧条件下，产甲烷菌利用一碳化合物、乙酸和氢气生产甲烷
	配套要求	需要场地和电力配套，需要沼气储存及终端利用配套
	运行控制	有机物降解率：40%～50%；有机负荷：4～5千克挥发性固体/(立方米·天)；容积产气率：每立方米容积产气2～2.5立方米；进料含固率：15%～30%
评估指标	技术	技术稳定性：中等 生产影响率：有较大影响 资源化利用率：90%以上 运行管理难易度：自动化运行 使用寿命：5年
	经济	投资：投资较大 占地面积：需要建设粪污处理工程 运行费：运行费较高 技术收益：提高产气率，根据产气量提高效益 节约资源：提高产气率，但需要消耗一定电能增温

（续）

评估指标	环境	氮削减效果：资源化利用排放低 磷削减效果：资源化利用排放低 COD 削减效果：资源化利用排放低 二次污染：几乎无二次污染 人体健康：对人体几乎无影响			
初步评估结果	技术就绪度（立项初）	2	技术就绪度（项目完成）	5	
	技术创新类型	集成创新			

表 5－5　养殖粪便高效固体发酵罐

设备基础信息	设备名称	养殖粪便高效固体发酵罐
	标准化关键词	粪便　发酵罐
	设备名片编号	ZB－07
	课题名称	南淝河流域农村有机废弃物及农田养分流失污染控制技术研究与示范
	课题编号	2013ZX07103006
	研究单位	中国农业科学院农业环境与可持续发展研究所
	示范工程信息	SF－05　合肥市肥东县牌坊乡发酵床的养殖废弃物全循环技术示范
	推广应用工程信息	YY32－01　原位发酵床技术已推广到浙江、福建、广西、北京等地；异位发酵床技术推广到北京、四川及浙江等地；固体发酵和液体发酵设备推广到辽宁大连及丹东等地
	对应的成果产出	Ⅰ发明专利 ZL32－10　以农村有机废弃物为发酵原料制备有机肥的菌剂及其应用　CN103667089A ZL32－11　养殖污染控制用发酵系统和养殖场　201310741334.X ZL32－12　大通栏养殖区和养殖场　CN 205180002 U
		Ⅲ标准规范指南 BZ32－02　畜禽养殖污染发酵床治理工程技术指南
设备参数信息	设备阶段	推广应用
	适用范围	养殖场
	设计参数	研制固体发酵罐用于畜禽粪便的高温快速腐熟工艺探讨，罐体可同时发酵 50 吨粪便，操作维护简便，一人即可，特殊除臭设计解决臭气问题，无二次污染，含水量 75%禽畜粪可直接投入，每日进罐粪便 6～8 吨，第七天后可每日连续进出料，出料黑褐色、松散无异味，并且氮、磷得到有效保留，是一种高效的生物肥料，产品符合《生物有机肥》（NY 884—2012）的要求

（续）

设备参数信息	配套要求	适合所有畜禽养殖场，需要一定场地和动力配套
	运行控制	对粪便和废弃垫料进行大规模连续发酵，并资源转化为固体有机肥产品。该一体化设备设计生产能力为发酵时间仅7天，一次发酵投入物料6～8吨，可以生产固体有机肥3吨。该设备形成了一个工程整体，施工简单，便于维护和管理，操作容易
评估指标	技术	技术稳定性：中等 生产影响率：对养殖几乎无影响 资源化利用率：资源化利用率较高 运行管理难易度：较难管理 使用寿命：5～10年
	经济	投资：投资较大 占地面积：养殖场面积较常规增加3%～5% 运行费：运行费较高 技术收益：污水处理为主，环境效益高，经济效益低 节约资源：节约资源率较低
	环境	氮削减效果：≥80% 磷削减效果：≥80% COD削减效果：≥90% 二次污染：二次污染少 人体健康：影响度小，可以预防

初步评估结果	技术就绪度（立项初）	3	技术就绪度（项目完成）	8
	技术创新类型	集成创新		

表5-6 高效回用小型一体化污水处理装备

设备基础信息	设备名称	高效回用小型一体化设备
	标准化关键词	高效回用　小型　一体化
	技术全编号	ZJ33214-02
	课题名称	辽河流域分散式污水治理技术产业化
	课题编号	2012ZX07212001
	研究单位	辽宁北方环境保护有限公司
	示范工程信息	沈阳某部队300吨/天生活污水处理站，目前因改扩建停止运行
	推广应用工程信息	在辽阳、丹东凤城市等地进行推广

（续）

设备基础信息	对应的成果产出	验收时无专利产出，目前正在申请中
		无软件著作权
		无标准规范指南
		无方案手册产出
		无数据库产出
		无平台产出
		无专著产出
设备参数信息	设备阶段	推广应用
	适用范围	人口密度小、地形复杂、污水不易收集入网的分散式污水处理，如农户较分散的村庄、高速服务区、别墅区、农家乐等
	设计参数	该技术采用AO接触氧化泥膜共混生物处理工艺，通过科学的结构设计，创新性地将缺氧、好氧、沉淀等功能集成于多层罐一体化结构，同时罐内填充三维螺旋生物绳填料，可实现在降解有机污染物的同时同步硝化反硝化脱氮；通过定流量优化分配设计实现曝气增氧、曝气搅拌、气提回流等功能一泵完成；充分利用悬浮活性污泥和附着生物膜二者协同作用，确保系统内微生物菌群丰富、生物量大，活性高，出水稳定达标
	配套要求	安装场地：立式地埋安装 仪器仪表：无 外部连接：可选配太阳能供电、轻型化粪池、远程控制 进水水质：COD 350毫克/升以下、氨氮30毫克/升以下 预处理设备：可选配的轻型化粪池 动力配套要求：太阳能板等微动力设备
	运行控制	可选配的远程控制系统，通过微电脑自动控制系统与远程在线监控系统的运用和整合，实现在线通信、远程故障报警、远程故障排除等，系统无需人管理，解决了乡镇和农村缺乏专业运行管理人员的现实问题，并可实现小区域污水处理设施的集中、长效运行管理

（续）

<table>
<tr><td rowspan="3">评估指标（根据提供的指标填写相应参数）</td><td>技术</td><td colspan="3">技术稳定性：技术运行稳定，先进保温材料保证抗寒性能力强，抗冲击负荷能力强
运行管理难易度：设备自动化运行，管理难度低
使用寿命：30 年
是否可资源化利用：出水水质达一级 B 标准以上，出水可直排也可用于绿化</td></tr>
<tr><td>经济</td><td colspan="3">投资（元/吨水）：处理规模 10 吨/天投资约 20 万元，并与同类技术对比降低费用约 10%
占地面积：（平方米/立方米水）：埋地立式安装，不占用大面积地表，占地节省 20%以上
运行费（元/立方米）：以处理规模 10 吨/天计，电耗 0.2～0.3 元/吨水，并与同类技术对比节能 15%</td></tr>
<tr><td>环境</td><td colspan="3">总氮去除率（%）：≥68%
氨氮去除率（%）：≥80%
总磷去除率（%）：—
COD 去除率（%）：≥90%
二次污染：无二次污染</td></tr>
<tr><td rowspan="2">初步评估结果</td><td>技术就绪度（立项初）</td><td>5</td><td>技术就绪度（项目完成）</td><td>8</td></tr>
<tr><td>技术创新类型</td><td colspan="3">集成创新</td></tr>
</table>

表 5-7　FMBR 兼氧膜生物反应器

<table>
<tr><td rowspan="8">设备基础信息</td><td>设备名称</td><td>FMBR 兼氧膜生物反应器</td></tr>
<tr><td>标准化关键词</td><td>兼性环境　生物反应器　农村生活污水</td></tr>
<tr><td>设备全编号</td><td>ZJ33242-01S</td></tr>
<tr><td>课题名称</td><td>流域面源污染处理设备研发及产业化基地建设</td></tr>
<tr><td>课题编号</td><td>2010ZX07105-007</td></tr>
<tr><td>研究单位</td><td>江西金达莱环保股份有限公司</td></tr>
<tr><td>示范工程信息</td><td>农村生活污水 50 吨/天示范工程，交由第三方运行
生活污水＋养殖废水 50 吨/天处理示范工程，交由第三方运行</td></tr>
<tr><td>推广应用工程信息</td><td>2012 年，FMBR 设备成功中标云南省大理市环洱海百村（102 个村落）村落污水处理项目，目前 FMBR 技术产品已在安徽、重庆、江苏、北京、广东、四川、江西等全国 30 个省份得到 3 000 余套设备的应用</td></tr>
</table>

（续）

设备基础信息	对应的成果产出	1. 一种兼氧膜生物反应器处理养殖废水方法　201210240178.4 2. 一种不排泥同步降解污水中碳、氮、磷的方法　3888/CHE/2014
		无软件著作权产出
		江西金达莱环保股份有限公司企业标准：膜技术污水处理器（Q/JDL 01—2019）
		无方案手册产出
		无数据库产出
		无平台产出
		无专著产出
设备参数信息	设备阶段	推广应用
	适用范围	黑臭水体治理、已建污水处理厂提标扩容、乡镇村污水以及高速服务区、景区等不便接入市政管网的分散有机污水治理场合，该技术不受规模和地区限制
	设计参数	FMBR 兼氧膜生物反应器技术通过创建兼性环境，利用微生物共生原理，使微生物形成食物链，实现污水处理过程中基本不外排有机污泥。在兼氧环境下各反应同步进行，不仅具有高效脱氮功能，还实现了污水中碳、氮、磷等污染物和污泥的同步处理 运行参数：溶解氧（DO）＜ 3 毫克/升、水力停留时间（HRT）4～12 小时；混合液浓度（MLSS）：8 000～20 000 毫克/升；污泥负荷：0.02～0.1 千克 COD/(千克活性污泥・天)
	配套要求	场地：FMBR 设备占地小，对场地要求低，可利用边角地 进水要求：生活污水、生活污水＋养殖废水混排污水等可生化性较好的水质 仪器仪表：需要配备提升泵 预处理：FMBR 设备前端需配套格栅、格网等预处理设施
	运行控制	FMBR 设备管理简单，自动化程度高，无需专业人员现场管理，实现无人值守；仅需要定期（1～3 个月）对设备进行维护，包括泵、风机的检修，膜的清洗等

（续）

<table>
<tr><td rowspan="3">评估指标</td><td>技术</td><td colspan="4">技术稳定性：技术处理后出水稳定达一级 A 标准，受温度影响小，有较强抗冲击负荷能力
运行管理难易度：FMBR 设备管理简单，自动化程度高，无需专业人员现场管理，实现无人值守
使用寿命：维保期 8 年，使用寿命 10 年以上
是否可资源化利用：正常运行期间，出水可优于一级 A 标准；出水可用于城市绿化、道路清洗等</td></tr>
<tr><td>经济</td><td colspan="4">投资（元/吨水）：4 000～12 000
占地面积：（平方米/立方米水）：<0.3
运行费（元/立方米）：0.7～1.5</td></tr>
<tr><td>环境</td><td colspan="4">总氮去除率（%）：≥80%
氨氮去除率（%）：≥90%
总磷去除率（%）：≥70%
COD 去除率（%）：≥90%
二次污染：日常运行基本不外排有机剩余污泥，无二次污染</td></tr>
<tr><td rowspan="2">初步评估结果</td><td colspan="2">技术就绪度（立项初）</td><td>4 级</td><td>技术就绪度（项目完成）</td><td>9 级</td></tr>
<tr><td>技术创新类型</td><td colspan="4">集成创新</td></tr>
</table>

表 5-8　高效跌水充氧反应器

<table>
<tr><td rowspan="7">设备基础信息</td><td>设备名称</td><td>高效跌水充氧反应器</td></tr>
<tr><td>标准化关键词</td><td>高效　跌水充氧　反应器</td></tr>
<tr><td>技术全编号</td><td>ZJ33241-14S-01</td></tr>
<tr><td>课题名称</td><td>竺山湾农村分散式生活污水处理技术集成研究与工程示范</td></tr>
<tr><td>课题编号</td><td>2012ZX07101005</td></tr>
<tr><td>研究单位</td><td>东南大学</td></tr>
<tr><td>示范工程信息</td><td>阶梯式跌水充氧接触氧化反应器
江苏省宜兴市周铁镇沙塘港村小型分散式生活污水处理工程：30 吨/天，正常运行。设施出水总体能达到一级 B 标准
江苏省常州市武进区前黄镇王家塘生活污水处理示范工程：规模 30 吨/天。正常运行。设施出水总体能达到一级 B 标准
江苏省宜兴市丁蜀镇三洞桥村小型分散式生活污水处理工程：规模 30 吨/天。正常运行。设施出水总体能达到一级 B 标准</td></tr>
</table>

（续）

设备基础信息	示范工程信息	水车驱动生物转盘 江苏省常州市武进区湟里镇蒋堰村沟湾里生活污水处理工程：规模 30 吨/天，正常运行。设施出水总体能达到一级 B 标准 江苏省常州市武进区湟里镇五巷村塘田里生活污水处理工程：规模 50 吨/天，正常运行。设施出水总体能达到一级 B 标准
	推广应用工程信息	云南省大理市马甲邑村落生活污水处理工程（70 吨/天），已经建成并运行 2 年 云南玉溪师范学院体育馆生活污水处理工程（12 吨/天）
	对应的成果产出	多层浅根系生长空间植物滤柱装配型滤床　CN104944592B 一种复合浅层叠加型植物生长模块及其应用　CN104944591B 同步强化去除氮、磷及雌激素的表面滞水型折流湿地系统　CN103172226B 薄层植物填料床与水耕植物床叠加型湿地处理污水系统　CN103755031B 多级折流复氧人工湿地污水处理系统及其处理污水的方法　CN103332826B
		无软件著作权产出
		跌水充氧接触氧化污水好氧生物处理单元设计标准（征求意见稿）
		无方案手册产出
		无数据库产出
		无平台产出
		无专著产出
设备参数信息	设备阶段	推广应用
	适用范围	规模小于 200 吨/天的分散式农村生活污水的无动力好氧处理
	设计参数	停留时间为 1.5～3 小时。不同跌水技术种类具体尺寸不同
	配套要求	冬季寒冷地区需保温。进水 COD＜150 毫克/升。监测出水中 DO 浓度，如偏低可加大回流量
	运行控制	主要进行硝化反应。氨氮去除率为 76%左右

（续）

<table>
<tr><td rowspan="3">评估指标（根据提供的指标填写相应参数）</td><td>技术</td><td colspan="3">技术稳定性：运行稳定。基本不受温度和冲击负荷影响
运行管理难易度：极易管理。连续运行时，仅需 3 个月进行一次排泥并补涂润滑油即可
使用寿命：理论上没有限制
是否可资源化利用：出水优于一级 B 标准，可用于湿地植物灌溉，实现氮、磷资源化利用</td></tr>
<tr><td>经济</td><td colspan="3">投资（元/吨水）：对 10 吨/天的投资为 4 500 元/吨水；对 100 吨/天的投资为 4 000 元/吨水
占地面积：（平方米/立方米水）：对 10 吨/天和 100 吨/天的占地差别不大，均为 0.12 平方米/立方米水左右。占地为其他厌氧单元的 15%左右
运行费（元/立方米）：反应器内进水需水泵提升，提升水量为进水水量的 2 倍。10 吨/天的吨水运行费用均为 0.26 元/立方米；100 吨/天的吨水运行费用均为 0.17 元/立方米，远低于同类技术</td></tr>
<tr><td>环境</td><td colspan="3">总氮去除率（%）：22.6%
氨氮去除率（%）：74.8%
总磷去除率（%）：3%
COD 去除率（%）：9%
二次污染：前端厌氧不足时会溢出臭气</td></tr>
<tr><td rowspan="2">初步评估结果</td><td>技术就绪度（立项初）</td><td>2</td><td>技术就绪度（项目完成）</td><td>7</td></tr>
<tr><td>技术创新类型</td><td colspan="3">集成创新</td></tr>
</table>

三、典型案例分析与解读

（一）洱海流域

洱海是我国重要的淡水湖泊，是云南省第二大高原湖泊，流域面积 2 565 平方千米，湖面高程 1 966 米（1985 国家高程基准）时，湖面面积 252.1 平方千米，蓄水量达 2.959×10^9 立方米；湖泊最大水深为 21.3 米，平均水深 10.8 米。洱海是“苍山洱海国家级自然保护区”的核心，是我国城郊湖泊中得到较好保护而幸存的一颗高原明珠。但是，近 10 年来由于流域人口与经济压力的增加，洱海水质出现由Ⅱ类向Ⅲ类下降的趋势，正处于关键的、敏感的、可逆的营养状态转型时期。各级政府高度重视洱海水环境的保护与治理工作，实施了一系列洱海保护行动。

面源污染治理是洱海保护“八大攻坚战”（包括环湖截污、生态搬迁、矿山整治、农业面源污染治理、河道治理、环湖生态修复、水质改善、过度开发建设治理）之一，对洱海保护起到至关重要的作用。

政府通过强化政策支撑引领，全力破解农业面源污染综合防控难题。2018年，先后出台实施《大理白族自治州洱海流域农药经营使用管理办法》《关于开展洱海流域农业面源污染综合防治打造“洱海绿色食品牌”三年行动计划（2018—2020年）》《洱海流域农业面源污染治理攻坚战作战方案》等一系列政策措施，从农药经营使用管理、农作物绿色种植基地建设、奶牛生猪产业转移及畜禽标准化养殖、稻渔综合种养、高效节水灌溉及农田尾水末端拦截消纳、发展适度规模经营、培育新型农业经营主体等方面多措并举、综合施策，努力把洱海流域建设成为农业绿色发展先行区，有力推动洱海流域农业面源污染治理工作。

在此基础上，大理白族自治州农业部门制定实施洱海流域11种主要农作物生态种植技术规程及加快洱海流域禁种大蒜推进农业结构调整、加强洱海流域绿色生态种植技术培训等具体措施，有力推动洱海流域农业面源污染治理工作。积极推进洱海流域农业结构调整和绿色生态转型发展。截至2018年底，实施测土配方施肥76.63万亩次、绿色防控91.45万亩次、统防统治40.81万亩次。截至2019年底，全面完成了流域内12.36万亩大蒜调减任务，流域内实施绿色生态种植20.61万亩，实现大蒜“零”种植。洱海流域化肥使用量比2017年减少86.24%，农药使用量比2017年减少41.19%。在推进洱海流域种植业有机化发展方面，地方政府出台了《洱海流域种植业有机化发展指导意见》，明确了工作目标和主要任务。截至2019年底，推广使用商品有机肥6.76万吨。

在养殖污染治理方面，全面关停搬迁禁养区46个畜禽规模养殖场，累计建成畜禽粪便收集站22座、年收集畜禽粪便16.61万吨；巩固库塘人工养殖清退成果，建设稻渔综合种养示范基地3 120亩。支持企业到流域外发展奶牛标准化养殖，洱海流域奶牛存栏从10万头减少到2.8万头。

在农村面源污染治理方面，持续推进农村“厕所革命”。按照“有序推进、整体提升、建管并重、长效运行”的基本思路，把农村“厕所革命”作为改善农村人居环境的重要民生工程、生态工程、文明工程来抓，多举措推进农村“厕所革命”。截至2019年底，大理白族自治州改造提升乡镇镇区公厕420座，改建完成农村无害化卫生户厕80 192座、行政村村委会所在地公厕533座。截至2019年底，大理白族自治州乡镇垃圾处理设施覆盖率达100%，村庄生活垃圾有效治理率达96.21%。

为强化源头治理，保护洱海流域生态环境，洱海流域积极建设农村污水收集处理管网，村庄污水的收集精准到户，卫生间污水、厨房污水、畜圈污水、洗衣洗菜废水“四水”全收，农户按照3格式2立方米的标准建成了家庭化粪池，收集后的“四水”经过化粪池沉淀处理后，排入污水收集管网中，有条件地区的农村生活污水接入环湖截污干管后接入集中式污水处理厂进行处理，偏远地区采用分散式处理，实现洱海流域9个镇村落污水全收集、全覆盖、全处理。

通过一系列措施，洱海2020年1～5月水质为Ⅱ类，6～8月为Ⅲ类，主要湖湾水域水生植物长势良好，近岸水域水体感官明显好于往年同期。洱海污染治理的成效，一是得益于确立了综合、系统的治理思路；围绕实现洱海Ⅱ类水质目标，实现控源与生态修复相结合、工程措施与管理措施相结合，由湖内治理向全流域治理转变，从专项治理向系统的综合治理转变，以专业部门为主向各级部门密切配合协调、全民参与治理转变。二是得益于科技投入和科研成果的推广应用，控氮减磷优化平衡施肥、各项生态农业技术在洱海流域大面积推广应用，切实提高洱海保护治理的质量和水平。三是得益于体制和机制创新，加大依法治海、依法管海的力度，层层签订目标责任书，建立健全洱海保护治理的长效机制。

（二）苕溪流域

苕溪是太湖主要的入湖河流，多年平均入湖水量达27亿立方米，占全流域35%左右，是典型以农业面源污染为主的河流。农业农村面源污染控制已经成为苕溪流域水环境质量持续改善、实现苕溪清水入湖的重中之重。水专项“苕溪流域面源污染分类分区控制与水质改善成套技术模式及规模化示范应用”课题以“面源污染过程解析-系统方案制订-技术模式集成-规模化示范-流域推广应用”为主线，着眼流域整体布局，聚焦上游水源涵养、中游控源减排、下游减负修复，开展了苕溪流域农村污染治理技术集成与规模化工程示范研究。

项目以问题识别为基础，开展了流域水质污染特征，面源污染源强解析，水源涵养与水土氮、磷流失机理，流域面源污染过程与模拟等研究，初步阐明了传统农业与现代效益农业氮、磷流失规律，揭示了不同种植业面源污染过程的计量学关系，提出了流域尺度上传统农业稻田种植比例应控制在30%以上，设施蔬菜苗木与水稻系统氮、磷减排效果最佳的面积比1：3，以实现种植业氮、磷“源汇”转化；明确了“免耕-秸秆养分还田-轮作”全套保护性耕作方式可进一步提升面源污染减排7%～8%。

同时，以“山水林田湖草”流域系统治理理念为引领，流域面源污染目标负荷与水质目标管理为基础，开展了流域面源污染风险评估，明确了重点控制区、一般控制区及污染防范区；从污染物总量控制、分区分类管控、产业结构调整、治理技术集成、面源污染监控及管理机制创新等方面，形成苕溪流域农业面源污染分类分区系统控制方案。

以污染源头削减和水体生态修复成套技术集成与技术模式构建为重点，突破了基于源汇转化的径流氮、磷多级消纳，规模化猪场废水微氧曝气 AO^4 同步脱氮除碳等 4 项关键技术，集成了养殖废水强化脱氮除磷及废弃物高值化利用、入湖口水体生态修复与调控等 3 项成套技术，构建了种养耦合氮、磷循环利用与系统阻控减排，集技术装备产业化、技术标准规范与管理政策于一体的农村生活污染控制与水环境综合整治等 4 项技术模式和县域农业面源污染控制与管理技术推广模式。集成应用成套技术与技术模式，全面建成了上游水源涵养、中游控源减排、下游减负修复三大规模化示范区。其中，在浙江省湖州市安吉县建设了“上游水源涵养与农村水环境综合整治县域示范”，实现了县域全覆盖（1 886 平方千米），污染物总氮削减率为 28.5%，总磷削减率为 23.4%，地表水环境功能区水质达标率 100%，交界断面水质稳定达标。在苕溪中游余杭建设了“中游农业面源污染减控成套化技术规模化示范”，覆盖面积达到了 60 平方千米，总氮、总磷削减率分别达到 28.90%、65.20%。在苕溪入湖口湖州建设了入湖口污染减负与水生态修复综合示范，覆盖面积达到了 26.94 平方千米，示范区总氮、总磷减排率分别达到 35.5%、37.2%。

通过成套技术集成应用，在苕溪流域安吉、余杭、湖州建设建成 3 个示范区，覆盖面积近 2 000 平方千米，有力支撑了苕溪入湖口国家层面控制跨界断面河流主要水质指标稳定达到Ⅲ类以上，社会效益、环境效益和经济效益十分明显。

以“山水林田湖草”为引领，流域污染减负与水质改善为目标，以“面源污染过程解析-分类分区控制-技术模式集成-规模化示范应用”为主线，通过示范项目的实施，为太湖苕溪流域污染减负、清水入湖提供科技支撑，有力支撑了湖州生态文明先行示范区建设、浙江省“千村示范万村整治”、“五水共治”重大工程，为我国流域面源污染控制、乡村振兴战略实施、生态文明建设提供“浙江方案”、典型示范。

（三）琵琶湖流域

琵琶湖是日本第一大湖泊，流域面积 3 848 平方千米，湖面面积 670.25 平方千米，最大水深 104 米，平均水深 41.2 米，总库容约 275 亿立方米。20 世纪六七十年代，湖泊流域社会经济高速发展导致湖泊污染加重。20 世纪 80

年代，出现富营养化、淡水赤潮、蓝藻水华暴发、水位异常下降等问题。中央及地方政府高度重视，投入大量的人力和物力，开展了长达 30 多年的持续不断综合治理，琵琶湖水质终于得以恢复，水质从Ⅲ～Ⅳ类恢复到Ⅱ类［参照《地表水环境质量标准》（GB 3838—2002）］。

琵琶湖流域通过加强工业企业点源排放监管、完善集中式污水处理系统，开展三级深度污水处理（超高度处理）等措施，使点源污染得到有效治理。在面源污染控制方面，琵琶湖流域采用了农田循环灌溉设施的建设、农业集落排水处理设施建设、净化槽普及、初期雨水净化处理等对策，有效控制了面源污染。

为保护琵琶湖水质，污染物排放较大的畜禽养殖和水产养殖比重已经降到很低，辖区内农业生产以污染程度较低的粮食、蔬菜种植和天然水产养殖为主，且大力引进精准施肥、利用堆肥等技术，降低肥料使用量。农田灌排污水对琵琶湖水质产生严重影响。为防止农田灌排污水流入琵琶湖，当地配置了农田循环灌溉设施或循环利用设施，利用现有的水池或水塘将农田的排水收集起来进行沉淀净化，并通过循环水泵反复利用。这些设施的有效利用，既可以使面源点源化，有利于污水的集中管理与处理，又大大促进了农业排水的再利用，有效减少了农田面源的产生。目前，这些措施已成为琵琶湖流域综合性农业污水处理对策而广泛开展。除以上措施外，为控制琵琶湖流域农业面源污染还采取了减少农用肥量、提高肥料使用效率的措施，在湖盆农业区推行少用或不用化肥、农药还可获政府补贴。

在无法纳入城市集中式污水处理系统进行处理的相对分散的农村，建成了 10 所粪尿处理厂及 222 所农业集落排水处理设施，已基本实现流域内 100%的全覆盖。这些设施与集中式污水处理设施一起构成琵琶湖流域污水处理系统。农业集落排水处理设施是为改善农村生活环境和防止农业用水水质污染而建设的污水系统，主要用于无法纳入集中式污水处理系统、人口在 1 000 人以下的农村村落，运营主体是该地区的农民团体组织。农村村落污水处理系统与集中式污水处理系统一样，在二级处理的基础上增加了脱氮除磷的深度处理。

1983 年日本颁布了《净化槽法》，滋贺县（省）政府颁布了《滋贺县合并处理净化槽设置整备事业实施要纲》，鼓励使用能同时处理粪尿和生活杂排水的合并净化槽，在不能集中式污水收集管道的区域设置合并净化槽并实行补助制度，规定合并净化槽的 BOD_5 去除率应达到 90%以上，出水 BOD_5 20 毫克/升以下。1995 年，由于要求保护湖泊、内海等闭型水域水质的呼声日渐高涨，日本政府对净化槽的构造标准进行了大规模的修订。在新修订的版本中，除了

提高去除 BOD_5、COD 的标准外，作为治理富营养化的一个对策，还增加了去除氮、磷的内容。这一修订大大促进了深度处理（氮、磷去除型）净化槽的开发。高标准的日本深度处理净化槽可以达到出水 BOD_5<10 毫克/升、总氮<10 毫克/升、总磷<1 毫克/升。深度处理净化槽在琵琶湖流域的应用，推动了分散式生活污水氮、磷污染的控制。

琵琶湖南湖及其陆域是琵琶湖流域污染最为严重的区域，初期雨水是面源污染中不容忽视的一部分，为削减城市街道径流污染负荷，将污染物浓度较高的初期雨水引入净化设施，沉淀后上层澄清液通过接触氧化、植物净化等工艺进行净化，冬季植物净化能力下降时则利用土壤净化设施处理，整个净化设施 COD_{Mn} 去除率为 70%，总氮去除率为 70%（冬季为 40%），总磷去除率为 80%。处理过程中产生的污泥通过水泵输送到集中式污水处理设施进行处理。

为了防止赤潮的发生，市民发动了“禁止使用含磷洗涤剂”运动，推进政府制定了防止富营养化的有关条例并于 1980 年发布。公众参与是琵琶湖治理与保护工作中十分重要的内容，公众的环境保护意识提高，全民参与，公众监督，才能真正实现对琵琶湖的保护，这是几十年琵琶湖治理历程中得到的宝贵经验。

日本琵琶湖治理经验得到世界认可，成为湖泊富营养化治理的典范，日本琵琶湖面源治理的经验主要表现在系统和科学的综合治理措施、长期的投入、健全的管理体系、严格的标准及法规、全民参与等方面。

四、技术进步贡献分析

水专项实施前，我国种植业面源污染控制技术还较为零散，未形成技术体系构架，处于技术发展的起步阶段。其发展与国外相关领域相比稍显滞后，对种植业面源污染治理主要依赖肥料施用量的调控。肥料施用对于我国种植业农产品产出量的提升功不可没，这也带来了我国农户对肥料的过度依赖。在“宁多毋缺”的理念环境下，较为单薄的肥料减量技术，应用效果不稳定，很难获得农户的信任和认可，推行难度很大。此外，由于我国农田管理单元呈现碎片化，农户的管理经验仅限于农田内部，并未形成外部排水管控的观念。水专项实施后，我国种植业面源污染控制以源头削减为主要抓手，借助肥料优化、栽培改良、耕作调整等手段，提升肥料利用效率，有效降低氮、磷的农田排出量。在不断推行、组合和突破源头氮、磷减排技术的同时，污染物过程拦截技术以包含强化净化装置、生态沟渠、生态塘、湿地等组成的氮、磷多级消纳体系为体现，被广泛应用。氮、磷多级消纳体系的构建打通了“种-种”“种-养”

不同圈层间的物质养分链，实现了综合农业生产区氮、磷排放总量和入水体负荷的削减。此外，包含源头削减、过程拦截和养分多级利用的技术体系在种植业面源污染防控中的应用逐渐成熟，随着物质链的串联突破了行业壁垒，种植区域的角色由农业面源污染的氮、磷源逐步转变为能够消纳生活污染尾水和养殖废水的净化区，成为保证农业生产和实现环境保护的关键，为综合农区的近零排放提供了支持。

水专项实施前，关于养殖面源污染削减方面，更多的是关注了养殖有机污染控制技术，注重用厌氧发酵技术来削减养殖的有机污染；水专项实施后，更加注重我国养殖业污染全程控制与产业延伸技术及其与环境的配伍；通过水专项的技术研发及集成研究，提出了以"源头减量-生物发酵-全程控制-多元处理-农牧循环"为思路的养殖业面源污染防控技术；研发39项养殖污染控制技术，集成凝练出基于微生物发酵床的养殖废弃物全循环利用、寒地种养区"科、企、用"废弃物循环一体化及基于种养耦合和生物强化处理的水产养殖污染物减排和资源化利用等技术，从源头减量、过程发酵等多元处理及全循环资源利用等方面施行创新，技术就绪度从2～3级提高到当前的6～9级，突破了多项养殖业污染控制的技术瓶颈，构建了粪污收集、处理和利用的全程种养一体化防控体系，实现了示范区域内的种养一体化与养殖污染物负荷削减95%以上及其趋零排放。基于微生物发酵床的养殖废弃物全循环利用技术，在全国二十几个省市累计推广应用3 000万猪当量，削减COD、总氮和总磷分别超过97万吨、10.7万吨和1.6万吨，创造经济效益340亿元以上，有力支撑了整县养殖污染控制与区域水环境质量改善。

水专项实施前，我国农村生活污水治理缺乏技术储备，没有适用技术，通过专项攻关，已研发50余项相关技术，示范与推广工程覆盖全国。针对我国农村生活污水排放分散、基础设施落后、处理率低、技术储备匮乏、运行管理难度大、忽视农业农村背景条件和氮、磷营养盐消纳能力等问题，紧密联系"农业、农村、农民"，基于我国农村生活污水的技术需求和背景条件，瞄准"因地制宜、技术高效、低建设与运行成本、易维护以及资源化利用氮、磷"的目标，水专项集成凝练出与种植业相融合的农村生活污水生物生态组合处理、尾水消纳与农业长效资源化利用以及高适应性农村生活污水低能耗易管理好氧生物处理等农村生活污水治理技术，为不同背景条件和需求的农村生活污水治理提供了强有力的技术支持。推优技术从生物单元的高效低耗、生态单元的稳定资源化利用和菜单式可选技术体系3个方向开展创新研发，突破了复杂农村条件下的技术适应性难题，实现了节能50%以上、出水稳定达标及氮、磷资源化利用的目标，填补了我国农村的生活污水处理技术的空白。已建处理设施规模超230万吨/天，年削减COD约21万吨、总氮约3.0万吨、总磷约2 120吨，实现直接经济效益约30亿元，累计产生的直接和间接经济效益总数达到316亿元，支撑了各大流域的农村污染物减排和水质改善。

水专项时期，农业农村管理政策与支撑技术主要针对种植业面源污染、畜禽养殖污染、农村生活污水、土壤和重金属污染、流域水污染与水体富营养化等热点问题，应用GIS、SWAT、污染评价和风险评价模型等技术开展监测与评估，同时结合互联网技术的应用辅助支持管理决策，推动相应治理技术的推广应用，其技术进步的贡献主要体现为技术就绪度等级的显著提升。目前，农业农村管理支撑技术发展与应用有赖于相应的种植、养殖和农村生活污水治理技术的研发与应用情况，主要服务于单一的具体的项目治理目标，尚未普遍开展以流域面源综合治理为目标的最佳管理措施的研究与应用，尚未形成较为完善的农业面源污染综合管理技术框架。

第二节　技术应用前景分析

一、种植业氮、磷全过程控制技术应用前景分析

中国人多地少的现状，增加了单位面积农田的产出需求。相比于国外较为宽松的人口农田配比，农业集约化生产是我国解决温饱问题的唯一途径。然而，大量的物料投入和较高的复种指数在提升单位时间、面积农田作物产量的同时，带来了严重的氮、磷损失。数据显示，当季肥料利用效率普遍不超过40%。农田土壤中氮素残留、磷素沉积现象显著，种植业因肥料投入引发的面源污染具有更高的潜在氮、磷损失总量和污染风险。

评估结果所得的18个推荐技术中，基于污染物源头削减领域的技术有6个，污染物过程拦截领域的有7个，剩余5个为全过程技术。这一分布特征正符合种植业面源污染治理的技术需求。

首先，污染物源头削减技术是种植业面源污染治理的核心，也是与生产过程直接相关的重要环节。其推广以一线生产人员为主要对象，因此，简易的操作办法和明确的工艺参数是推广应用的必备条件。现有多项推荐技术从如何调整肥料施用量、选择肥料种类和施用肥料等多个角度，给出了具体实施办法，本身也已经实现了一定规模的示范推广，为后续的进一步推广应用提供了完善的数据支撑。

其次，污染物过程拦截技术是降低农田排水中氮、磷总量的关键手段。其应用需以区域农田规划为前提。因此，应用条件和建设参数是因地制宜选择污染物过程拦截技术、设计污染拦截工程的主要依据。现有多项推荐技术，涉及不同作物系统及分布地形，囊括生态沟渠、原位促成池、生态塘、植物篱等不同拦截构件的建设、应用及效果信息，为后期同条件下污染物过程拦截技术的应用提供了参考。但是，现有污染物过程拦截技术往往作为源头削减技术的辅助部分存在，其自身的完整性尚有不足，不同技术和拦截工程对不同作物系统和常见地形的覆盖有待完善。随着农业生产规模化的推进，实用性污染物过程拦截技术将会是今后较长时间的研发重点。

再次，推荐技术中有5个全过程技术，却并无单独的养分回用技术。说明单独使用养分回用技术对种植业面源污染治理效果有限，其应用受限于种植区或种植区外围物质链的串联。

最后，推荐技术中有6个技术可通用于多个种植系统，其中过程拦截和全过程技术占比较高，解决区域氮、磷流失问题要依赖过程拦截技术对不同种植区物质链的串联和系统性全过程技术对氮、磷养分物质链闭环的创建。这类技术对不同作物的包容性较好，应用面更广，是今后处理复杂混合系统氮、磷污染问题的主要手段。

二、养殖业污染控制技术应用前景分析

（一）污染源头控制技术应用前景分析

1. 发酵床养殖零排放控制与垫料资源化利用技术 发酵床养殖零排放控制与垫料资源化利用技术适用于全国发酵床养殖，来源于南淝河流域农村有机废弃物及农田养分流失污染控制技术研究与示范课题（2013ZX07103006）。目前示范工程较多，运行良好，已取得预期效果，但原位发酵床垫料改善技术受到原料的影响较大，且原料成本较高。异位发酵床技术需要较大的面积、设备和人工管理，相当于在养殖的同时增加一个堆肥场，对于养殖企业来说不一定都能负担。但该技术总体上符合养殖污染治理要求，是比较合理的一种技术方案。

2. 新型饮水器和两坡段干湿分离养猪生产污水削减技术 新型饮水器和两坡段干湿分离养猪生产污水削减技术适用于全国规模养殖场，来源于沙颍河流域面源污染治理关键技术研究与示范课题（2009ZX07210004）。该技术简单可靠，实用性较强，可以从源头一定程度上提高粪尿分离效果，减少污水排放量。但对于建成的猪场改造较为困难，且需要投入较多的人工管理予以配合。

3. 规模化以下移动式生态养殖（养猪）技术 规模化以下移动式生态养殖（养猪）技术适用于南方低密度林场，来源于三峡库区及上游流域农村面源污染控制技术与工程示范课题（2012ZX07104003）。该方案主要是将污水和沼液通过技术处理净化达标排放。通过该技术可以达到预期效果，但由于是参照工业污水净化，需要较大的投入和较高的运行成本，不仅养殖场难以承担，也不符合生态农业循环理念。该方案适合不能进行沼液消纳，且需要达标排放的养殖场。

4. 食性差异与空间互补的水产养殖动物混养技术 食性差异与空间互补的水产养殖动物混养技术适用于全国水产养殖区域，来源于太湖流域苕溪农业面源污染河流综合整治技术集成与示范工程课题（2008ZX07101－006）。该技术通过创建新型水产养殖污水生态循环利用和污染减控综合技术体系，实现区域养殖水充分循环净化处理利用，达到养殖水入河污染物排放最小化。存在的问题是对养殖产量有影响，冬季气温低时处理效果稍差。

5. 温室甲鱼清洁生产与废水生态净化处理成套技术 温室甲鱼清洁生产与废水生态净化处理成套技术适用于全国设施水产养殖区域，来源于苕溪流域农村污染治理技术集成与规模化工程示范课题（2014ZX07101－012）。该技术构建了一种种养耦合生态循环型的规模化温室甲鱼养殖模式，包括养殖水体氮、磷原位削减，养殖废水固液分离，种养耦合氮、磷减排，生态塘、生物滤池及莲藕氮、磷消纳净化等功能区，示范工程运行良好。存在的问题是占用面积较大，冬季气温低时处理效果稍差。

（二）氮、磷有机物污染减排技术应用分析

1. 保氮除臭免通气槽式堆肥发酵技术 保氮除臭免通气槽式堆肥发酵技术来源于沙颍河流域面源污染治理关键技术研究与示范课题（2009ZX07210004），全国适用，适合肥料厂用，需建设专用设施。该技术方案设计合理，主要是发酵菌剂的筛选较为严格。但示范工程主要原料是酒糟和其他相对干燥的废弃物，若对于畜禽粪污含水量较高的原料，需要添加较多的辅料，导致成本的增加，因此技术适用于经济水平较高的地区。

2. 东北寒冷地区畜禽养殖污染系统控制技术 东北寒冷地区畜禽养殖污染系统控制技术适用于东北寒冷地区，来源于农业源控制管理制度与减排政策示范研究课题（2014ZX07602004）。该技术是在传统的源头减量、粪污收集、粪污处理技术基础上，针对东北地区特点进行了独特的设计和改善。确保猪舍温暖，好氧、厌氧发酵温度正常。该技术得到了较好的应用，示范工程效果较好，可在较大土地面积的区域推广应用。

3. 畜禽粪便二段式好氧堆肥技术 畜禽粪便二段式好氧堆肥技术适用于中国北方寒冷地区，来源于松花江哈尔滨市市辖区控制单元水环境质量改善技术集成与综合示范课题（2013ZX07201007）。该技术主要针对寒地养殖场畜禽粪便露天堆放，易随地表径流进入地表水体以及牛粪单独堆肥发酵慢、养分低等现实问题，合理配伍牛粪、鸡粪、秸秆、稻壳粉和酵母污泥等物料，辅以微生物制剂，通过调整堆肥物料碳氮比和水分，利用堆肥因子监控系统，控制翻堆频率，实现农业废弃物无害化处理。该技术是传统堆肥技术的优化，主要是应规范原料配比和微生物发酵菌剂的添加，虽然创新性较低，但具有较高的实用性。

4. 辽河源头区农村面源污染防治技术 辽河源头区农村面源污染防治技术适用于东北辽河源头区农村，来源于辽河源头区水污染综合治理技术及示范研究课题（2012ZX07202009）。该技术属于成熟技术的改良，主要是堆肥发酵菌剂的筛选和污水净化水生植物的筛选及配比。

5. 高密度养殖区水源保护组合处理技术 高密度养殖区水源保护组合处理技术在中南部高密度养殖水网地区适用，来源于华南村镇饮用水安全保障适用技术研究与示范课题（2008ZX07405002）。该技术集成了发酵床和生态净化技术，并根据示范点实际情况进行了改善。该技术理论合理，模式可行，适合高密度养殖地区。但该技术模式主要属于集成技术，在创新性上略显不足，且生猪和池塘养殖关联度较低。

6. 畜禽养殖业氮、磷减量控制技术 畜禽养殖业氮、磷减量控制技术适用于南方农村地区“猪-鱼”模式，来源于华南村镇饮用水安全保障适用技术研究与示范课题（2008ZX07405002）。该技术属于猪粪养鱼技术，理念可行，但需要更为严格的管理措施和安全管控机制。且由于鱼塘本身也是水体，水产养殖也存在污染风险，该技术对于养鱼后的水体处理或鱼塘水体净化方面，并没有详细介绍，依然存在一定的环境风险。

7. 猪粪、秸秆和厨余垃圾联合堆肥技术 猪粪、秸秆和厨余垃圾联合堆肥技术适用于全国堆肥场，来源于河南丹库汇水流域水质安全保障关键技术研究与示范课题（2012ZX07205001）。该技术在示范基地得到良好的推广，工程运行正常，设施设备良好，产能和污染物削减基本达到预期效果。该技术主要属于集成技术，且具有特定的范围，在养殖场周边有足够的山林地带，且方便管道输送。总体上，运行效果良好，符合生态农业需要，但一次性投入较大，需要较多的配套设施。

8. 河口湿地养殖水体污染的物理-生物联合阻控与水质改善技术 河口湿地

养殖水体污染的物理-生物联合阻控与水质改善技术适用于辽河流域，来源于辽河河口区水质改善与湿地水生态修复技术集成与示范课题（2013ZX07202007）。该技术包括生态用水调控技术与生物-多孔介质联合阻控技术2项技术内容。该技术是传统的低浓度污水生态净化的改良和升级。

（三）废弃物资源化利用技术应用前景分析

1. 基于无害化微生物发酵床的养殖废弃物全循环技术 基于无害化微生物发酵床的养殖废弃物全循环技术适用于全国养殖场，来源于流域农业面源污染防控整装技术与清洁农业流域示范课题（2015ZX07103007）。该技术体系是以微生物发酵床技术为核心的养殖污染综合控制技术，相比于传统的污水处理技术，该技术操作相对简单、资源化利用程度较高。但需要有较为廉价的垫料来源，也需要对垫料吸附污水进行相应的人工管理。

2. 固体废弃物基质化利用技术 固体废弃物基质化利用技术适用于全国畜禽粪便基质加工厂，来源于大规模农村与农田面源污染的区域性综合防治技术与规模化示范课题（2008ZX07105002）。该技术属于传统的固体废弃物混合堆肥产品，在技术特点上没有较大突破，属于原理配比的优化。整个技术的优势不在废弃物处理上，主要是后期的基质化应用，因此单纯从养殖粪污处理方面来看，技术支撑较为薄弱。

3. 养殖废弃物高效堆肥复合微生物菌剂及功能有机肥生产技术 养殖废弃物高效堆肥复合微生物菌剂及功能有机肥生产技术适用于全国畜禽粪便堆肥场，来源于太湖流域苕溪农业面源污染河流综合整治技术集成与工程示范课题（2008ZX07101006）。该技术提出的模式属于传统的微生物堆肥模式，其核心是微生物菌剂的发明和应用。经过验证，该微生物确实有较好的效果。但市场上能达到该效果的微生物菌剂较多，因此需要继续研发和突破。

4. 高浓度有机污水制备生物基醇 高浓度有机污水制备生物基醇适用于规模化养殖场（需建设专用设备），来源于海河下游多水源灌排交互条件下农业排水污染控制技术集成与流域示范课题（2015ZX07203007）。该技术属于较为先进的粪污处理技术，能将需求粪污转化为能源，已经建成一定的示范规模，正在运行当中。但由于缺少成本分析，目前很难了解其运行成本和产出之间的关系。

5. 发酵床垫料及沼渣有机肥配方技术 发酵床垫料及沼渣有机肥配方技术适用于全国发酵床养殖，来源于重点流域畜禽养殖污染控制区域解决方案产业化示范课题（2014ZX07114001）。该技术是传统粗放式肥料生产和有机肥施用改用精确化计算模型方案的一次创新，实用性较低。

6. 农业废弃物清洁制备活性炭技术 农业废弃物清洁制备活性炭技术适用于禽畜粪便专业化处理（需要建设专用设备设施），来源于辽河上游水污染控制及水环境综合治理技术集成与示范课题（2012ZX07202003）。该技术利用热解气供能和活化的工艺原理，设计制作了新型清洁高效活化炉。活化介质采用高温热解气，高温热解气对气化活化区内剩余半焦进行活化，不断丰富半焦微孔结构，最终生成比表面积较大的活性炭。物料从送料、反应到出料过程连续进行，生产不间断，自动化程度高。反应过程中物料产生的热解气一部分用作活化介质，一部分进入燃烧装置燃烧加热内燃炉，系统不需要外部燃料，自产自用，实现资源的最大化利用。该技术目前已有示范企业，具有较高的创新性，但大面积推广还需要对效益进一步论证。

三、农村生活污水治理技术应用前景分析

我国农村地区范围广泛、农村人口数量巨大。目前，绝大多数的农村生活污水未经处理而直接排放，由此造成的农村水环境污染情况较为严重。因此，应用合适的农村生活污水收集和处理技术具有显著的紧迫性和重要性。

目前，在污水收集技术方面，从收集技术的文献报道来看，收集处理一体化技术单元一直处于技术演进中。另外，近年来，负压分散收集和重力集中收集的文献报道量逐步增加，可以预测收集处理一体化、负压分散收集和重力集中收集是收集技术在未来一段时间内的研究热点。在污水处理技术方面，国内外研究报道了大量的农村污水处理工艺。当前，生物处理技术、组合技术、生态处理技术和物化处理技术是文献报道数量占比较多的技术方向。其中，“生态技术（湿地、氧化塘）”“组合技术（生物+生态）”“A/O 接触氧化”“生态技术（人工快渗）”“组合技术（生物+生化）”是近 5 年才出现的研究方向。在资源化利用技术方面，灌溉农用、污水杂用技术和沼气技术的文献报道量最大，当前农村生活污水资源化利用技术的布局重点是如何提高灌溉农用和污水杂用技术除去重金属、低成本的效果。

针对国内农村环境复杂，各地区经济发展不同，发展应用投资低、能耗低、运行稳定、维护管理方便的实用技术是解决当前我国农村生活污水污染问题的有效途径。

（一）收集技术应用前景分析

1. 重力收集技术 在水专项涵盖的农业面源污染控制技术中，重力收集技术主要以同线合建分流式复合排水管道系统为代表。

该技术采用雨污水管线同线双层合建，能够减少管道所需的地下空间和检

查井数量，实现初雨在线截留，控制径流污染，有很好的环境效益。但是，该技术采用的复合排水管道生产工艺较复杂，管材采购和管道施工安装较困难，管道维护也较普通管道复杂。目前，该技术在重庆市巴南区惠民镇建有示范工程。根据相应的技术资料判断，该系统具有良好的截流效应，运行安全稳定，管道保持畅通，有效地避免了合流制溢流水的产生，环保效益突出。

评估结果表明，该技术综合得分在水专项系列收集技术中处于中等水平，运行维护相对负压/真空收集技术较低，基建投资相较于负压/真空收集技术较高。根据当前技术发展水平，该技术应用于管道铺设条件有限、运行维护保障薄弱的农村地区有显著意义，未来可为欠发达农村地区的污水收集提供技术支撑。

2. 负压/真空收集技术 水专项中负压/真空收集技术主要有分散污水负压收集技术、新型真空排水技术和源分离新型排水模式技术。

分散污水负压收集技术要求收集管道管径小、埋深浅，有利于节约工程投资；系统密闭、污水渗漏率低，有助于提高环境效益；负压管道受地形限制小，提高了技术适应性。新型真空排水技术对传统真空排水技术进行了优化，有效提高了管网末端压力，节约运行能耗，减少运行成本，但是系统结构较复杂，考验当地运行维护管理水平。源分离新型排水模式技术针对农村地区重力排水条件差、村内土地硬化和房屋建设已完成不易修建大型管网的现状，利用真空负压系统实现小管径的污水管网建设，降低土建改造成本，同时搭配源分离节水便器，将厕所排水单独收集、单独处理，在降低生活污水处理成本的同时，实现有机废弃物的资源化利用。

评估结果表明，负压/真空收集技术有效解决了农村地区重力排水盲区污水收集问题，并通过技术优化降低了运行费用。因此，在技术有效性、经济性和环境效益方面均优于重力收集技术。但是，由于农村地区维护管理水平及资金等限制，需考虑技术实施后长效的运行机制。当前，部分地区的农村生活污水治理工作相对靠前，治污经验丰富、环保理念先进、运行维护团队专业、保障资金充足，在此类地区负压/真空收集技术具有良好的推广应用前景。

（二）处理与资源化利用技术应用前景分析

1. 生物处理技术 水专项系列生物处理技术中，1 项技术以接触氧化为技术支撑点，1 项技术以 MBR 为技术支撑点，1 项技术以 SBR 为技术支撑点，2 项技术以 A2O/AO 为技术支撑点。

厌氧滤池＋太阳能曝气生物接触氧化技术适用于出水达到排放标准且运行费用低的农村污水处理项目。该技术采用交流曝气设备，存在太阳能曝气设备复杂、成本高的问题。当前，关于FMBR兼氧膜生物反应器技术的争议比较大，该技术集成度和推广应用程度均比较高，但是污水处理项目对运行人员技术要求非常高，关键组件膜单元的维护更换成本很高，且实地调研中常存在出水不能稳定达标现象。村镇污水UniFed SBR高效处理技术、立体循环一体化氧化沟技术、高效回用小型一体化污水处理技术解决农村污水设施点多、分散、管理水平低等问题，占地面积较小，并可实现小区域污水处理设施的集中、长效运行管理。

从评估结果上分析，厌氧滤池＋太阳能曝气生物接触氧化技术、FMBR兼氧膜生物反应器技术综合得分较高，主要是由于其技术相对成熟、推广应用范围广泛，在行业内的总体认可度较高。其余4项技术目前应用较少，在技术成熟度和适用性方面需要进一步加强。

生物处理技术处理效果显著，但普遍存在出水排放不稳定的情况，尤其在气候变化较大的地区，因此后期运行维护难度相对较高。水专项研发的各项技术，在各自示范应用地区具有良好的运行表现，但如果需要大范围地推广应用，需要进一步技术提升，以适应不同地区的环境要求，满足污水的处理需求。今后，处理效果稳定、技术经济性佳、占地面积小的一体化设备将具有广阔的应用前景。

2. 生态处理技术 水专项系列生态处理技术中，1项技术以人工湿地为技术支撑点，1项技术以生物滤床为技术支撑点，2项技术以氧化塘为技术支撑点，2项技术以土壤渗滤为技术支撑点。

矿化垃圾填料处理农村生活污水技术采用矿化垃圾作为填料处理农村生活污水，在达到污水处理标准的同时降低成本，实现以废治废。农村生活污水自充氧层叠生态滤床处理技术采用层叠结构，选用火山岩、蚌壳等富含钙离子的填料，能够实现生态滤池的自动增氧，占地面积较小，脱氮除磷效果明显，投资和运行维护成本低。农村生活污水三级塘生物生态处理强化技术具有一定的局限性，要求具有废弃坑塘场地，但是技术吨水投资低，且采用无动力设计，吨水能耗和物耗接近于零，且该塘兼有灌溉功能，因此在农村地区具有广泛的推广性。基于坑塘的农村非点源污染控制技术也具有一定局限性，要求具有一定面积的坑塘水面，但该技术对农村分散生活污水的处理能够达到很好的减排效果，且能耗低，实现资源化利用，在污水不能集中收集的地区有广泛的推广性。人工快渗一体化净化技术可以模块化运输安装，能够实现远程控制，但处理设施存在布水不均现象，且需额外投加除磷剂和严格控制进水悬浮物（SS），否则易造成填料堵塞，影响出水效果。基于耐冷菌低温生物强化的污水处理设施冬季稳定运行关键技术尚处于实验室研究阶段，未投入工程应用，实际应用效果不能判断。

生态处理技术能够整合利用地方现有资源要素，如土壤、池塘、废弃矿物等，实现废弃物减量化和资源化利用，有效处理农村生活污水。传统的生态处理技术投资少、管理简便，但是占地面积较大，对于用地紧张的农村地区不太适用。从评估结果上看，农村生活污水自充氧层叠生态滤床处理技术和人工快渗一体化净化技术综合得分相对较高，主要是由于二者对用地的要求小，设备安装、运输、维护较为方便，农村地区普适性较高。

目前，人工快渗一体化净化技术已经得到一定程度的推广应用，但需解决堵塞问题和除磷问题，保证设备的长效运行。农村生活污水自充氧层叠生态滤床处理技术具有良好的脱氮除磷效果，处理效果稳定，但推广应用程度不够。今后，在有条件的农村地区，以土壤渗滤、生态塘、人工湿地为支撑技术能够得到良好的推广应用，而对于用地紧张、缺少可利用资源要素的农村地区，以生物滤床为支撑的农村生活污水自充氧层叠生态滤床处理技术应用前景十分光明。

3. 组合处理技术 水专项系列组合处理技术中，功能强化型生化处理＋阶式生物生态氧化塘集中型村落污水组合处理技术、农村污水改良型复合介质生物滤器处理技术、厌氧滤井＋跌水曝气人工湿地处理农村生活污水技术等12项技术为生物生态组合技术，适用于寒冷地区生活污水处理的小型人工湿地技术、高效低成本农村生活污水处理技术和多重人工强化生态缓冲带污染削减技术3项技术为生态组合技术。

生物生态组合处理技术是指生物处理单元和生态处理单元联用处理农村生活污水的技术。一般情况下，单纯依赖生物处理技术处理生活污水会导致工艺操作复杂、运行成本较高、维护管理专业性强等实际问题，并不适合许多农村地区的生活污水处理要求；而单纯依赖生态处理技术有可能会导致用地面积大、设施出水水质不稳定等情况。将生物处理系统和生态处理系统有机结合，能够在一定程度上消减上述两者的弊端。在生物生态组合技术中，功能强化型生化处理＋阶式生物生态氧化塘集中型村落污水组合处理技术、农村污水改良型复合介质生物滤器处理技术、厌氧滤井＋跌水曝气人工湿地处理农村生活污水技术综合评估得分靠前，得到了评估专家的认可，主要是由于上述3项技术工艺建造成本低、运行能耗小、水处理成本低，实际操作与运行管理方便，并且生活污水处理效果稳定，有利于推广应用。

生态组合处理技术是指多个生态处理单元联用处理农村生活污水的技术。适用于寒冷地区生活污水处理的小型人工湿地技术在原有传统人工湿地技术上进行研究，研发新型基质材料、耐寒植物及保温措施，对寒冷地区污水处理技术有一定突破。高效低成本农村生活污水处理技术将复合型人工快渗与释碳滤池相结合，解决了脱氮过程中碳源不足的问题，将人工快渗、人工湿地和稳定塘进行有机结合，实现了雨水、污水的全面处理，避免水量的波动对处理系统的冲击，基本实现“无动力”。多重人工强化生态缓冲带污染削减技术利用复合生物基生态浮岛和微曝气-藻菌生物膜体系联合作用处理污水，适用于在水质要求较高且有入河去向的地区。评估结果表明，3 项生态组合处理技术的综合得分并不高，这主要与技术适用性和研发成熟度有关。适用于寒冷地区生活污水处理的小型人工湿地技术目前仍处于中试阶段，且适用地区具有局限性。高效低成本农村生活污水处理技术联用的生态处理单元占地面积很大，不适用于大多数农村地区。多重人工强化生态缓冲带污染削减技术主要处理流入河道的污水，对设施站点的地理位置具有一定的要求。

总的来看，根据农村生活污水治理现状水平和地区发展条件，生物生态组合处理技术在今后具有极大的发展潜力和应用价值。成熟的生物生态组合处理技术既能够保证污水处理的稳定达标排放，又能降低建设和管理投入，比较适用于现阶段发展水平的广大农村地区。

4. 资源化利用技术 水专项系列资源化利用技术中，5 项技术以灌溉农用为技术支撑点，1 项技术以污水杂用为技术支撑点，1 项技术以堆肥为技术支撑点，1 项技术以沼气为技术支撑点。

农村生活污水资源化利用技术采用一系列物理、化学和生物措施对生活污水进行净化，最终使其达到能够重新利用的相关标准。因而，资源化利用技术不仅能够降低污水中的污染物浓度，还能够进一步回收利用污水，从而提高水资源利用率。农村生活污水厌氧＋跌水曝气人工湿地处理技术、农村生活污水营养供体利用型处理技术、寒冷地区农村杂排水处理与循环利用技术、村镇污水生态处理与梯级利用技术和村落无序排放污水收集处理及氮、磷资源化利用技术属于灌溉农用技术，均通过采用单项处理技术或者组合处理技术对农村生活污水进行净化，设施出水直接用于景观作物、农田庄稼、田园蔬菜的用水灌溉，从而实现设施使用的高效化、景观化、低成本化。中部平原地区典型农村生活污水资源化利用技术属于污水杂用技术，污水中的污染物一部分被附着在湿地填料和蔬菜根系等生物载体上的微生物降解，一部分被蔬菜作为营养物质吸收，一部分则被截留在床体内。这几种净化机理相互协同，实现对污水的高效处理。寒冷地区分散污水垃圾堆肥一体化处理属于堆肥技术，为寒冷地区农村生活产生的分散型污染物处理提供了技术支撑，实用价值明显，但需要进一步研究示范。生活垃圾与生活污水共处置新型沼气池技术属于沼气技术，以易腐性有机垃圾成分和辅以秸秆类废物为骨料，加以农村畜禽粪便为营养，利用农村生活污水流动分配养分的厌氧发酵技术，实现农村废物的共处置目标。

从评估结果来看，农村生活污水厌氧＋跌水曝气人工湿地处理技术综合得分较高，主要是由于该技术较好地解决了农村地区社会、经济、环境等基本情况复杂，不同农村的污水处理技术需求差异较大的问题，在处理污水达标排放的同时创造经济效益，为农村生活污水处理的运行维护提供经费保证，有广泛的应用前景。中部平原地区典型农村生活污水资源化利用技术综合得分处于中等水平，该技术克服了南方地区简单的“预处理＋人工湿地”处理工艺在植物休眠期不能稳定达标的缺陷，也克服了传统污水处理厂建设运行成本高的问题，在以农业生产为主、经济欠发达的中部平原地区典型农村有广泛的应用前景，但在其他地区不具有很好的适用性。其余技术的研发成熟度不高、地区适用性不强，需进一步研究提升，以满足广大农村地区的实际需求。因此，在短期内，农村生活污水厌氧＋跌水曝气人工湿地处理技术和中部平原地区典型农村生活污水资源化利用技术具有良好的推广应用前景。

四、农业农村管理技术应用前景分析

从就绪度评估结果及相关领域政策方向来看，农业生产污染控制与管理领域，测土配方短信支持系统和基于 GIS－PDA 的测土配方施肥查询系统 V1.0 符合科学配方、精准施肥的政策要求。同时，水专项前期技术开发形成的土壤类型数据库，施肥分区数据库，土壤碱解氮、有效磷、速效钾及有机质，地貌类型等基础数据库和多种测土配方施肥实施方案，可以在新的“互联网＋”平台环境下，更好地开展测土配方服务，指导农民精准施肥。畜禽养殖全过程污染控制技术和管理体系技术符合畜禽养殖污染防治政策关于优化调整畜禽养殖布局，坚持源头减量、过程控制、末端利用的治理路径，全面推进畜禽养殖废弃物资源化利用，坚持种植和养殖相结合，就地就近消纳利用畜禽养殖废弃物等发展要求和发展方向，技术应用前景较好。都市农业面源污染智能化服务平台技术契合农业面源污染防治政策中关于加强农业面源污染控制，加强对农业污染源的监测预警，建立农业生态环境管理信息平台综合治理要求，在流域农业面源污染已成为主要污染物来源的新阶段，农业面源污染智能化服务平台技术可有效提升农业面源污染监管和控制水平，在农业面源污染控制监管领域发挥更大作用。

农村生活污染控制与管理领域，针对农村生活污水运行维护及监管的“分散式污水处理‘远程监控+流动4S站’的运行维护管理模式”具有广阔的推广应用前景，农村生活污水治理市场需求巨大，随着农村生活污水治理率的不断提高，为提升设施监管和治理效率，降低运行维护管理成本，分散式污水处理“远程监控+流动4S站”的运行维护管理模式在未来有更大的推广和应用空间。

农业清洁小流域污染控制与管理领域，地下水-地表水氮污染补排识别与优控管理技术、洱海流域结构控污与生态文明技术体系集成2项技术符合《水污染防治行动计划》等政策关于流域区域主要污染物总量减排与加快调整发展规划和产业结构等要求，具有较为广阔的应用空间。典型集水区域特征痕量有机污染物水质风险评估与预测技术对应流域治理政策中要求开展水污染防治前瞻性和基础性研究，包括对于有机污染物和新型污染物进行监测和风险评价研究、研发优先控制污染物识别筛选等技术的需求，为未来加强水源地水质和环境监管提供了技术支撑，有进一步研发的必要性和广阔的应用空间。洱海流域生态环境综合管理平台技术较好地实践了流域污染控制政策中建立流域生态环境监测预警网络，研究环境应急及风险管理的天地一体化监控技术，进行流域信息分析和支撑综合决策等要求，在实现流域生态环境信息化监测与管理、辅助综合决策等方面具有较好的应用前景，应用与推广空间较为广阔。

展望篇

ZHANWANGPIAN

中国农业面源污染控制与
治 理 技 术 发 展 报 告
（2020）

第六章　技术发展趋势分析

■ 第一节　完整性和系统性分析

一、完整性分析

（一）种植业

在种植业方面，共梳理出水专项产出的种植业面源污染控制技术 47 项，其体系构建如图 6-1 所示。其中，针对稻田和菜地果园系统氮、磷控制的技术较多，而以麦-玉系统为对象的技术仅有 2 个。对稻田和菜果系统的重视体现了“十一五”以来水专项课题对种植业面源问题的侧重趋势。稻田系统在水稻生长季的多数时候属于淹水状态，水分管控与其他旱作系统相比较为不同，不适宜的肥料投入和灌溉管理的氮、磷流失风险更高。而稻田本身作为湿地系统，妥善利用能够转变稻田系统的污染发生源身份，发挥其对较高氮、磷浓度的排水有消纳、净化的潜在生态功能。现有稻田污染控制技术以污染物源头削减为重点，但源头技术较为集中在肥料调控方向，兼顾过程拦截，虽没有单独的稻田养分回用技术，但“生态阻控沟渠与退水循环利用的集成技术”已包含在全过程技术中。因此，稻田系统面源污染控制技术链条基本完整。菜果系统因经济产额较高，与大田作物（水稻、麦-玉）系统相比，具有更为大量的肥料投入和生物质产出，土壤中氮、磷冗余量大且情况普遍，没有了稻田系统田埂对降水的拦截，极易发生径流带动大量氮、磷流失。现有菜果污染控制技术既有针对养分转运和耕作改良的源头削减类技术，也有针对坡耕地的植物篱过程拦截技术，并通过串联菜地田-沟-潭，实现了肥水的循环利用。其技术链条从氮、磷发生迁移上看基本完整，但菜地系统的露天耕作和大棚种植上养分投入等田间管理差异较大，细分化的源头削减并没有体现。此外，菜地和果园在平地和坡耕地上分布时对过程拦截的要求有所不同，现有技术缺少对在相同气候条件不同地形条件下的划分。因此，菜果污染控制技术还可以进一步完善。麦-玉系统现有技术较少，与该系统分布区一般降水量较少、面源污染发生风险较小有一定关系。值得注意的是，现有技术中通用技术也不在少数，且种植业通用技术结构体系较为完整，对不同作物系统兼容性较好，也可适用于多斑块镶嵌的复杂混合种植区。通用技术是实现流域种植业氮、磷排放控制的有效支撑，但现有通用技术对不同气候、地形条件的涵盖并不全面，特殊条件下的参数设定还有待完善。

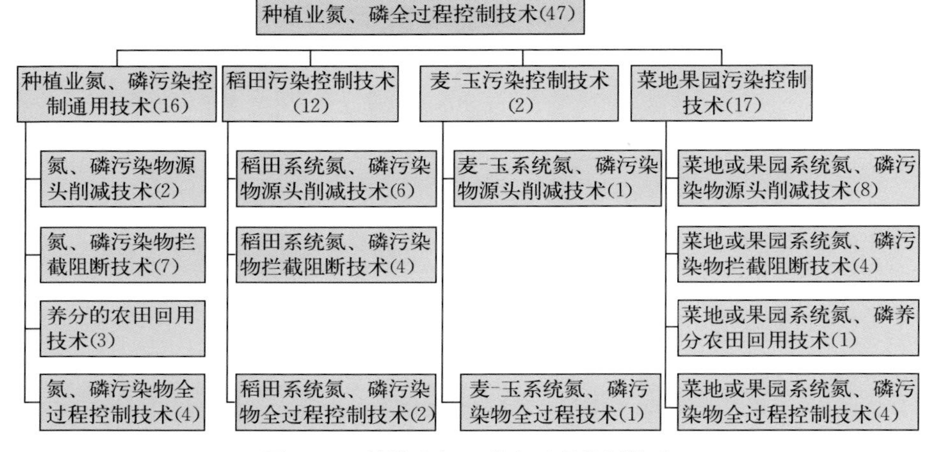

图 6-1　种植业氮、磷全过程控制技术

（二）养殖业

畜禽养殖污染控制技术本着尊重生态效益、经济效益和社会效益最大限度统一的平衡原则，努力实现物质最大利用化。在现有的技术框架中仍需不断地完善，使各个面源污染控制技术尽可能地发挥最大效益。因此，现有的技术链条中仍有以下几个问题需要解决：①在污染源头控制技术中，氧化塘处理技术在实际的畜禽养殖污水处理工作中虽然具有实用性强、净化率高、操作步骤简单、使用效能较高等特点，但该技术极易受到环境、温度、季节等因素的影响，因此使用范围较小。如何通过有效的措施将环境、温度等因素变为人工可控的手段是目前需解决的问题。②废弃物资源化利用技术集中处理异地利用技术模式多应用于大型养殖场中，周边肥料趋于饱和，在这种情况下可以采用集中处理异地利用技术模式，实现经济效益和社会效益的统一。周边养殖场要加强合作，建立完善收集体系，将固体粪便进行集中处理，利用微生物发酵反应器方式将固体粪便转化成有机肥料。因此，在现有的技术中应加强对有机肥的研发，学习先进的技术，发展我国自主研发的高新技术，以降低该技术链条中的整体成本，实现养殖废弃资源高收益、高利用的目的。③在现有的技术链条中没有将各个技术放在整个社会循环系统中考虑，导致农村畜禽废弃物资源化利用过程中仍然存在不少问题，阻碍了养殖废弃物资源化利用技术的发展、推广和应用。

我国池塘养殖业发展迅速，但至今仍然以“进水渠＋养殖池塘＋排水渠”作为主要形式，养殖尾水的排放必将加剧周围水体的富营养化。为了解决这一大难题，多个地区开始尝试有关原位和异位池塘生态环境的修复技术，各项技术及工艺不断完善，养殖污染治理取得明显进展。但与我国社会发展的需求相比，治理技术仍存在不少问题：①治理技术模式工艺有待进一步完善提高。目前，大多数养殖污染治理主要采用原位治理和异位处理。原位治理有多营养层级养殖、微生物水质净化、池塘设施完善与改造等，但多营养层级养殖、微生物水质净化等技术基础理论研究还有待完善，由于受池塘租期影响，业主对池塘设施完善与改造不到位，对治理效果影响较大。异位处理是根据不同的养殖品种用6%～10%的面积建造处理设施，处理设施占用面积过大，在当前水产养殖面积资源紧缺的情况下是一个较大的压力。尾水异位处理是经过沉淀、曝气、微生物降解、水生动物利用、植物吸收的过程，对间歇性的尾水排放效果不佳，再加上冬天气温下降后微生物活力降低、水生植物被冻死造成处理能力大幅度下滑。②污染治理长效机制有待进一步健全。受经济利益驱使，有些从业者环保意识淡薄，投喂冰鲜鱼、动物内脏等现象时有发生；尾水治理点建成后，对主体责任、运行维护费筹措、日常巡查、水质监测、智能监管等长效管控机制有待加强。同时，运行维护资金无保障，尾水治理点建成后难以确保正常的运行，养殖主体参与尾水治理的主动性、积极性还不够。

（三）农村生活污水

近年来，国家与地方对生态环境保护的逐步重视，行业内涌现了一大批与农村生活污水治理相关的技术与成果。文献调研显示，近20年来，国内农村生活污水治理领域研究有6个主要热点方向：生态处理技术研究，农村生活污水收集与生活环境治理相关问题研究，污水氮、磷等污染物去除相关研究，农村生活污水的分散处理工艺相关研究，农村污水的处理技术/模式的分析评价研究，设施工程及排放标准等的相关研究。其中，由水专项资助的研究热点主要聚焦在农村生活污水收集技术、处理技术和资源化利用技术板块。农村生活污水污染控制与治理技术体系，是由农村生活污水治理工作中各个环节、各个层面的相互关系和内在联系构成的有机整体。因此，农村生活污水污染控制与治理技术系统的框架具备以下特征：污水收集、处理、资源化利用3个环节，技术评价、标准体系、监管机制3个层面。农村生活污水治理相关技术落地必须要考虑全链条系统的方式。对于农村生活污水治理而言，污水收集、处理和资源化利用即为该技术系统的全链条关键技术。全链条技术研发要求对整个污水处理的目标、难点、系统性等进行全面分析与思考，从而能够彻底解决农村生活污水对流域水环境质量潜在污染的问题。

目前，由6项收集技术以及34项处理和资源化利用技术共同构成了水专项农村生活污水污染控制与治理技术链条：在农村生活污水收集技术方面，研究重点集中在收集处理一体化技术、负压分散收集技术和重力集中收集技术上；在农村生活污水治理技术方面，研究重点集中在生态处理技术、生物处理技术和组合技术上；在农村生活污水资源化利用技术方面，研究重点集中在灌溉农用技术和污水杂用技术上。从技术链条研究发展现状分析，各研究板块具有较为理想的研发成果，技术环节发展势头强劲，技术链条整体形态较为完整，为农村生活污水收集、处理和资源化利用全过程提供了较为完备的技术支撑。农村生活污水治理工作不仅需要完备的技术链条，同时也需要机制体制、标准规范等软技术要素的全面保障。在农村生活污水治理全过程中，技术评价、标准体系、监管机制3个层面的软技术研究能够为污水有效治理保驾护航。在技术评价方面，目前已经构建出具有科学性、实用性、针对性的农村生活污水收集技术评价体系以及农村生活污水处理和资源化利用技术评价体系，为地方推荐选用适合的技术提供了科学依据。在标准体系方面，项目组的课题负责人联合政府部门、研究机构共同参与、相互配合，根据相关部门的政策要求和行业的规范标准，出台了涵盖工程设计、施工建设、运行维护管理和排放要求等方面的标准体系，极大地推动了污水治理市场的规范化发展，也保证了技术链条的有效落实。在监管机制方面，水专项课题组持续推动农村生活污水治理工程的信息化管理，在第三方运行维护管理的基础上搭建出智慧管理系统，在部分地区实现了站点在线监管，初步构建了农村生活污水监管的技术体系。总体上看，目前农村生活污水污染控制与治理技术系统的框架构成较为完备，以污水收集、处理和资源化利用3个环节为核心要素的全链条技术类型完整、应用前景广阔，以技术评价、标准体系、监管机制3个层面为基础的软技术保障基本成型，但在应用性和内容性上需要进一步加强。

（四）农业农村管理

从技术框架来看，农业农村面源污染控制管理技术涵盖农业生产污染控制、农村生活污染控制和流域面源污染控制3个领域，且每个领域又可细分为监控与评估技术和决策支持系统2个方向，现有技术清单中涵盖了3个领域的5个方向，仅流域农村面源污染管理决策支持系统下无单项技术，技术框架有缺失，可借鉴部分经济发达地区已经使用的“互联网+”农村生活污水智能化监管平台技术，进一步加强农村生活污水管理决策支持系统的研发与应用。

二、系统性分析

（一）种植业

经过3个五年计划对种植业面源污染治理技术的研发、集成和应用，搭建了较为成熟的“单项技术-集成技术-成套技术”的技术构架，形成了种植业面源污染控制的源头减量-过程阻断-养分回用技术体系。基于该技术体系，对进入种植系统的污染物实行系统化管控：在氮、磷污染物发生-转化-迁移-回用路径上分别设置污染物源头削减、污染物过程拦截和养分农田回用三大技术系列，为不同种植应用条件提供技术选择。

现有技术中污染物源头削减技术占比最高，体现了源头污染控制将是技术体系的核心部分，是实现种植物面源污染防控行之有效的手段。污染物过程拦截技术数量也并不在少数，且主要分布在稻田、菜果和通用系统方向，说明过程拦截技术作为源头削减的叠加技术，对于有淹水管理的稻田系统和肥料投入量较大的菜果系统意义重大。过程拦截技术的应用带来的额外用地和较高的经济成本分摊导致其并不适用于零散种植面积的小户农田。近些年，土地流转趋势推动了规模化农场的兴起，过程拦截体系的工程构建被前置在农田建设的早期规划、工程实施阶段，污染物过程拦截技术的应用保障了种植业农田的排水水质。现阶段，养分回用的技术数量虽然不多，但主要分布在通用技术领域，这与养分回用技术对多个种植系统的串联以及区域性直接相关。现有技术已涵盖：串联具有较高氮、磷浓度排水的菜果系统与水田系统实现氮、磷多级回用类技术，以及基于片区排水汇集的陆域排水农田回用类技术。

目前，通过集成上述3个技术系列中的单项关键技术，已能够对物质转运节点的技术实现网络化全覆盖，种植业面源污染治理技术体系构建满足系统性和协调性的双重要求，为达成种植业为主要土地利用类型的流域排水污染控制要求，给予支撑。

（二）养殖业

1. 现有技术框架中存在技术短板分析 在现有的技术框架中存在着一些技术短板，使得畜禽养殖污染控制技术利用效率低，经济适用模式缺乏，造成污染底数不清等问题。我国农业总体环境中，畜禽养殖废弃物的数量大、种类繁多、成分复杂，这给畜禽养殖废弃物数量的统计带来了较大困难。在实际的畜禽养殖生产过程中，每年产生多少养殖废弃物，这些废弃物呈怎样的分布、利用状况如何、对环境造成多大影响，都缺乏统一的计算标准，没有准确的数据和记录，仅仅是根据养殖规模估算。所以，导致废弃物利用的盲目性，限制了切实可行科学性技术的制定。因此，在目前已有的技术链条中，还需要对畜禽粪便污染的监测核算进行综合考虑，建立科学统一的计算标准，以使整个链条更加完善、更加系统。

2. 畜禽养殖污染各个技术优势分析 为有效解决畜禽养殖场现阶段存在的污染问题，应积极使用先进的科学技术，控制污染源头，实现优质化的畜禽养殖。

在目前存在各阶段污染控制技术中，氧化塘处理技术以其实用性强、净化率高、操作步骤简单等特点对污水进行有氧微生物的净化，减少氮元素和磷元素的含量。厌氧发酵处理技术通过使用兼性厌氧菌和专性厌氧菌进行畜禽养殖场中粪尿污水中有机物的处理，在实现畜禽养殖场粪尿污水快速降解处理的同时，降低畜禽养殖场的实际生产成本，实现生产效益的提升，成为畜禽养殖污染源头控制中常用的技术方法之一。清洁饮水技术采用先进的科学技术，改变传统畜禽饮水方式、调整饮水器位置、建立完善的饮水结构，实现养殖用水量的节省，降低生产成本，减少污水产生量。同时，避免饲料混入水中，影响畜禽的质量安全。生物发酵床养殖技术以微生态理论和生物发酵理论为基础，实现废物零排放，降低能源损耗，提高畜禽生产的实际经济效益。

从氮、磷有机污染减排技术看，该技术可将生产运作过程的污染情况得到较好的控制，最终实现经济发展与环境的协调统一。同时，有助于规模化畜禽养殖体系的技术革新。另外，该技术迎合我国关于节能减排等各类战略的重要策略，在未来我国发展中也具有较为广阔的应用空间。

从废弃物资源化利用技术来看，该技术采用特殊工艺对废弃物进行无害化处理，有效消除废弃物与环境之间的矛盾，在提高资源利用率的同时，还能实现绿色生产目标，解决现有环境的问题，从源头出发优化畜禽养殖结构。

3. 各养殖污染控制技术间存在的系统性与协调性分析 我国地域广泛，不同区间气候、原料特性、经济发展程度等存在较大的区别。针对区域特点，宏观规划全国范围畜禽污染控制技术的发展方向，优选适宜各地特点的不同路线，具有实际意义。因此，在确定合适的畜禽污染控制技术时，应本着以下原则：管理实现减量化原则、处理优先资源化利用原则、结果达到无害化原则、整个系统生态化原则。

污染源头控制技术，氮、磷有机污染减排技术，废弃物资源化利用技术三者之间各具特点，但又相互联系，它们有着各自的优缺点。例如，污染源头控制技术可从源头入手减少污染物的排放及防止资源的浪费；氮、磷有机污染减排技术可从中间环节入手，通过污水净化、粪便无害化处理技术、粪污循环利用技术等实现氮、磷有机物的减排；废弃物资源化利用技术可实现系统生态化、废物零排放等优点。但除了这些优点外，也不乏有缺点。例如，技术受条件限制；运行设备庞大，需要大量资金；产物间接对大气造成污染等问题。所以，这就需要对以上3种技术进行综合考虑，或单一使用，或结合使用，从实际角度出发，以尽可能地满足畜禽污染技术的基本原则。

4. 水产养殖污染控制技术间存在的系统性与协调性分析 水产养殖污染的控制技术通常分为源头减排技术和尾水净化技术，源头减排技术可从源头入手减少污染物的排放及防止资源的浪费，各技术相互联系。环保型饲料，其配制与精准投喂能提高饲料养分的消化利用率，改善饲料适口性、水中稳定性、沉降速度等指标，最大限度地提高水产饲料的利用率，减少水产饲料的浪费及对水体的污染；微生态制剂水质调控技术是采用光合细菌、芽孢杆菌等微生物水质调节剂产品，去除养殖水体氨氮、有机质，降低COD，降解有毒有害物质，减少病害发生；多营养层次综合养殖是将吃食性鱼类、滤食类鱼类、底栖动物和水生植物等多营养层级养殖种类适当混养，系统中高营养层次养殖种类的排泄废物及残饵可以作为低营养层次养殖种类的营养来源，实现水体中营养物质的循环利用；池塘工程化循环水养殖可有效吸除废弃物，实现水资源和营养物质的多级利用。尾水净化技术包括沉淀法、过滤法、吸附法、生态沟渠、生物塘、生物滤池、人工湿地等技术，沉淀法、过滤法、吸附法等主要是依靠物理作用来去除水质中的固体污染物，生态沟渠、生物塘、生物滤池、人工湿地等技术是利用系统内土壤、人工介质、植物、微生物的多重协同作用，对养殖尾水氮、磷等营养物进行净化综合处理。根据养殖种类和废水特征及场区的地形特征，尾水处理的各项技术可组合使用。

（三）农村生活污水治理

我国幅员辽阔，农村地区范围分散，各地社会经济发展条件参差不齐，农村污水治理工作进展差异较大。因而，在开展农村生活污水治理工作时，各地需根据实际情况科学统筹、因地制宜。在这样的农村生活污水治理现实背景下，水专项各课题组结合社会需求、瞄准市场需要，针对不同地区类型、不同应用场景研发了一系列的农村生活污水收集、处理和资源化利用技术。

在收集技术系列层面，重力收集适用于地形较为规整、无起伏的地区，工程难度整体较小，但长期运行过程中可能存在污水泄漏和下渗的情况。整体相比，真空或负压收集技术具有低材料消耗、低环境影响、低运行维护、低建设费用等优点，能够适用于地形起伏较大、存在重力排水盲区的地区，但目前技术成熟度和推广度不够，需要进一步示范推广，予以提升改良。

在处理技术系列层面，生物处理技术发展趋于成熟，在污染物去除效率和污泥资源化利用方面存在显著优势，因而在全国各地均有不同程度的应用和推广。但相对其他处理技术而言，仍存在不可忽视的缺点：抗冲击负荷适应能力差、易发生污泥膨胀、基建投资和运行费用高、管理复杂等。经过水专项的技术研发，传统的生物处理技术得到了优化和改良，在一定程度上克服了技术弊端，随着生物技术在污水处理领域的推广应用和完善，此类处理技术适用性和稳定性将会逐步增强。生态处理技术是一项兼具环境效益、社会效益和景观效益的处理技术。生态塘、土壤渗滤系统、人工湿地等工艺均是在原有生态要素的基础上拓展应用的。因而，存有大面积的池塘、渗水性良好的土壤和生长有耐水植物的沼泽地等地区比较适合采用生态处理技术。生态处理技术优缺点明显，工程建设投入小、运行维护管理简单、处理能耗低，但往往占地面积大、系统堵塞情况普遍、处理效果不稳定，因而比较适用于对出水要求不是很高的地区。组合处理技术兼具多项处理技术的优点，能够有效规避单一处理技术存在的缺陷。经过成果验证，水专项研发的组合处理技术具有处理效果稳定、适用性广、运行费用低、管理方便等优点，大多数的技术就绪度较高，得到了广泛的示范和应用推广，实际运行效果也较为稳定，但仍无法避免占地面积大的问题。

在资源化利用技术层面，目前针对不同的用水需求，水专项课题组研发出服务于农用灌溉、污水杂用、堆肥和沼气等用途的污水资源化利用技术，具备显著的污水处理效果和良好的经济价值。

由此可见，水专项课题组紧密联系农村污水治理的实际需要，研发出一系列具有显著特征和比较优势的污水处理技术，有效提升了技术体系架构的系统性和协调性。从宏观上分析，技术的研发精准对接实际需要，针对不同气候环境、不同社会经济发展条件、不同目标用途分别提出了行之有效的治污应对方法，为全国各地农村污水的治理提供了可选择的技术策略。从中观上分析，各项技术各有优劣，在不同应用场景下相较互有长处，因而在技术研发和应用过程中能够优势互补、有机结合，使得技术系统的协调性和使用价值得以显著提升。从微观上分析，技术的研发、优化、改良过程并不是一蹴而就的，从掌握技术原理到技术推广应用是一个长期积累的过程。目前，水专项课题组对各项技术的研究成熟度各有差异，对技术的认知深度和应用把握互不相同。因此，各项技术的就绪度存在等级差异，而在不同技术类型中均存在就绪度梯度，正是存在这样的就绪度差异才能够让技术研发得到不断更新迭代的时间和机会，从而保证了技术可持续地良性发展。

（四）农业农村面源政策

目前，在已筛选的农业农村面源污染控制管理技术中，农业生产、农村生活与流域污染控制领域的监控与评估技术应用方向各有不同，彼此之间联系较少，技术之间的系统性与协调性明显不足。决策支持系统方向的信息化应用技术，则可以综合考虑农村清洁小流域构建的目标与需求，搭建涵盖农业面源污染监控与管理、农村生活污染监控与管理以及流域污染监控与管理的综合管理平台，整体实现对农业农村生态环境和面源污染的监控与管理。

第二节　技术发展趋势

一、种植业方面

从发展水平的角度，分析技术落后的领域。根据文献共引分析理论和寻径网络算法，对我国范围内种植业面源污染防控技术趋势进行了推演，得到反应研究前沿趋势的 5 个关键词，即氮利用效率、氧化亚氮排放、碳组分、氨氧化细菌和生物炭。

首先，“利用效率”提升仍然为种植业解决面源污染问题的主线。研发针对不同作物需肥特征的新型肥料，可以为保产条件下的减投提供更大空间；构建“种-养”“种-生”的区域氮、磷物质大循环，改变种植业投入养分的来源结构，可通过资源循环利用进一步提升区域氮、磷利用效率。而这 2 个领域的技术仍处于有所缺乏或就绪度不高的状态。以新型肥料或吸附材料为体现的环境材料研发需集材料学、环境科学、农学等多学科之力；而“种-养”“种-生”物质大循环的构建，需要打破行业壁垒，弥补地理分离和生产断裂等问题。由此可见，不管何种途径的种植业养分“利用效率”提升，都非直接作用即可得实现的目标，而是综合性问题解决的体现。

其次，以“氧化亚氮排放”和“氨氧化细菌”为调控对象的技术，归根到底是以养分转运为抓手，对不同形态养分含量实行调控。通过改变土壤 pH、碳氮比等理化属性，为养分转运的专性目标微生物提供适宜生境，增加土壤环境的生物多样性，提升土壤稳定性，为土壤转运的发生提供物质基础和动力源；利用添加剂对养分转运的特定过程进行控制，推动或抑制养分转运进程，引导进入土壤养分转化为适合作物生长的形态并延长其停留时间，利用污染物发生机理，减少污染物的环境存量，从而降低污染发生风险。这2个领域的技术并不在少数，但是，改善土壤环境类技术周期长、见效慢，对于生产者来说，经济投入在短期内缺少回报，因此使用技术的动力不足，而添加剂类技术存在增加调控途径前端或后端养分形态损失量的风险，对一定时长中污染排放总量的削减能力有限，需耦合其他单项技术以技术模式为体现，实行有效减排。

此外，以碳控氮、磷的思想在发展趋势上也有所体现。环境中碳的含量并不直接关联面源污染，但是，土壤环境中的碳含量与氮循环、土壤肥力等密切相关。一些土壤添加剂（如生物炭或菌剂）以及秸秆回用等技术在实施过程中，实际上也改变了土壤环境的碳氮比以及其矿化速率，以此影响着养分库存和形态的转变。同样是对碳的关注，全球范围的技术趋势关键词是“土壤有机碳”，而中国范围则是“碳组分”。由此可见，全球范围以碳总量控制作为目标，而我国更看重碳组分比例这一动态变化过程。的确比起碳封存，我国尚处于碳调控阶段，这也在一定程度说明，化学计量法类的技术有望成为管控种植业养分转运和面源污染减排的新方向。

从发展需求的角度，分析在支撑技术应用、问题解决方面的不足。随着我国农业和农村经济的快速发展，化肥、农药、地膜等农用化学品投入逐年增加，畜禽养殖数量和规模的扩大，污染物排放量将继续增加。与此同时，农业投入品利用率低，种植、养殖废弃物处理与资源化利用滞后，导致农业面源污染问题日益突出，成为社会和公众关注的热点问题。研究表明，我国农业面源污染排放量与经济增长总体上呈显著的倒“U”形曲线关系，化肥投入、农药投入以及畜禽粪便排放与人均GDP仍处于曲线上升阶段，到达农业面源污染减排拐点还需要一定的时间。“十三五”时期，农业面源率先打响了农业农村环境污染治理攻坚的第一战，随着农业供给侧结构性改革的深入推进和农业发展方式的加快转变，“一控两减三基本”的实施，积累了一批农业面源污染治理的实用技术和典型模式，农业面源污染的治理已取得了显著成效。“十四五”时期，如何巩固“十三五”农业面源污染治理成效，如何根据世情、国情、农情的变化，做好适应性转变，应是新技术发展和现有技术提升回应的问题。

首先，技术策略上不能完全延用“短、平、快”策略，而要转向持久性。应用于种植业面源污染问题的技术不应仅重视短期效果，而应重视技术在连续多年应用条件下的环境友好型，提升现有技术在农业生产影响、环境影响和经济收益影响的正向力量，杜绝以牺牲产量或破坏生态平衡为捷径技术的研发和应用。

其次，技术方式上应从单项要素减量转向系统化削减。种植业技术系统化主要体现在：①针对作物系统的养分供给和氮、磷排放规律，研发、细化可便于落地即用的成套技术。在单元技术和技术体系上应保持其开放性，保障对技术体系的不断扩充、发展和革新，以此满足实际应用时对技术的因地制宜差异化要求，提升成套技术适用性和应用控制效果。对种植业而言，成套技术应从源头减量-过程阻断-生态修复-养分回用多方向入手，在实施地域的空间上互相独立，利用物质链条使得彼此成网连接，从而达到污染控制技术在时间和空间上的全覆盖，使整个系统的污染控制效果更好。②针对具有复杂农业生产类型流域环境，以末端水质改善作为种植业面源污染控制的核查对象，自上而下实现污染物排放总量控制。在以往的面源污染治理工程中，单一生产单元是污染排放的监管对象，根据生产单元性质所估算的污染物目标总量是判断排放是否达标的标尺。但是，在多个生产单元均满足污染物目标总量的情况下，区域/流域的污染物排放总量往往早已超标。自“十二五”以来，区域/流域的污染物总量控制已成为环境安全评判、监管、治理的主要抓手。调整污染物总量控制方向，自上而下对污染物排放量进行分配是实现区域/流域污染物容量总量控制的新趋势。

再次，技术抓手上可通过种养结合或种生结合，打通不同农业产业间物质链，切实解决农业资源利用出现的严重错位，转变种植业在农业面源污染中的“源”-“汇”角色，在区域/流域尺度形成物质链闭环，对污染物进行总量消纳，缓解农业资源承载和农业农村环境污染双重压力，构建符合绿色发展要求的现代农业产业体系、生产体系和经营体系。

最后，技术监管上应以污染物排放为对象，搭建监测、决策和行政多方联动体系。依托于智能化的实时监测系统，实现农业面源污染物排放、迁移过程的可视化；并引入决策系统，量化监测数据所指示的环境风险；以此反向推算不同环境风险等级下的污染物排放标准，用于制订区域（流域）的最佳管理方案。通过多个行政部门的协调和驱动，推行技术监管工作，完成对监管结果的响应。

二、养殖业方面

（一）生猪污染控制技术发展趋势分析

1. 国内技术发展趋势分析 在生猪养殖污染控制的源头控制技术方向中，“十五”期间主要的技术方向是活性污泥、固液分离、氧化塘等；“十一五”期间增加了降解、生物沼气、产气率等技术研究；“十二五”期间垫料组成优化等技术方向逐渐得到更多关注；“十三五”期间生物炭治理污染成为新的技术热点。生物炭（Biochar）是由生物残体在缺氧或含氧量低的情况下，经过高温慢速热解（<700 ℃）或者水热碳化法制备的一类难熔、稳定、芳香化程度高、碳素含量丰富的固态物质，通过发挥其降解、吸附、化学等作用达到对环境的治理作用。目前，在生猪污染控制中可利用生猪养殖中产生的粪便制成碳元素含量丰富的固态物质，然后再将生产的产物应用于对水体、土壤的污染控制中。

在生猪养殖污染控制的污染减排技术方向中，“十五”期间主要的技术方向是形态、脲酶活性以及调理剂研究等相关内容；“十一五”期间新增了反硝化、光合细菌、沼气等；“十二五”“十三五”期间有关混合发酵、人工湿地等研究得到了较高的关注。混合发酵技术通常是指采用 2 种或 2 种以上的微生物进行发酵的技术。人工湿地技术是为处理污水而人为地在有一定长宽比和底面坡度的洼地上用土壤和填料（如砾石、第三代活性生物滤料等）混合组成填料床，使污水在床体的填料缝隙中流动或在床体表面流动，并在床体表面种植具有性能好、成活率高、抗水性强、生长周期长、美观及具有经济价值的水生植物（如芦苇、蒲草等），形成一个独特的动植物生态体系。在生猪污染控制中，通过多种菌共生酶系互补、相辅相成起到单一菌起不到的作用等特点，可以实现省工节能、简化工艺设备，使生化反应达到更加完善的效果。人工湿地技术可在有效实现生猪养殖场粪污处理的同时，实现美化周围环境的效果。

在生猪养殖污染控制的资源化利用技术方向中，“十五”期间主要的技术方向是腐熟、消毒和堆肥；“十一五”期间新增了吸附、除臭和污染物质的降解技术方向；“十二五”期间温度控制、酶活性演变及厌氧消化技术逐渐成为研究热点，并一直在“十三五”期间是重点关注的对象。温度控制技术是指利用电子调节系统等对畜禽养殖、发酵等方面进行温度调控的技术；酶活性演变技术是根据酶在发酵堆肥过程中会降解堆肥中的有机大分子，参与整个生物化学的过程，酶活性的演变代表了整个堆肥过程化学反应的进程。另外，酶活性演变过程可以反映发酵堆肥过程中微生物活性的变化。因此，酶活性演变技术的意义在于能使人们更好地了解堆肥的进程和机理，从而改善堆肥的效果，降低堆肥过程中产生的有害气体。厌氧消化技术是指在厌氧微生物的作用下使废物中可降解有机物转化为甲烷、二氧化碳和稳定物质的生物化学过程。目前，我国在生猪养殖污染控制领域当中通过温度控制技术的研究使得生猪养殖的室温更可控，减少了在养殖过程中疾病的传播。同时，在粪污发酵过程中可以有效、便捷地控制发酵温度。酶活性演变技术现阶段的研究，改善了目前堆肥的进程，正逐步接近人们所期望的状态。

2. 国外技术发展趋势分析 在生猪养殖污染控制的源头控制技术方向中，“十五”期间主要的技术方向是生物氢、模型以及蚯蚓处理等；“十一五”期间增加了吸附等相关技术研究；“十二五”开始，有机肥、固液分离等成为新的技术热点；“十三五”期间，有关人工湿地、生物滤器、生物降解等研究方向逐渐增多。国外对生物滤器处理挥发性有机废气已有几十年的历史，该技术截至目前已经相当成熟，在荷兰、德国、美国已得到广泛的应用。生物降解材料的研究，目前在发达国家的研究已经相当成熟。但在我国起步较晚，目前还处于发展阶段。

在生猪养殖污染控制的污染减排技术方向中，“十五”期间主要的技术方向是生物沼气、堆肥、厌氧消化及粪便管理等相关内容；“十一五”期间新增了 SBR、脱氮、吸附、群落研究等；“十二五”期间有关有机肥、生物滤器等的研究得到了较高的关注；“十三五”期间的技术研究方向新增了有机肥、吸附、管理及土地利用等。有机肥是指用动物粪便、植物草料进行发酵加工而成的肥料，包括人粪尿、堆肥、沼气肥、绿肥、饼肥等，具有提高土壤养分活力、净化土壤生态环境的作用，并且腐熟后的有机肥有害微生物较少，富含丰富的氮、磷、钾等元素，能为植株提供全面的营养。吸附是指物质（主要是固体物质）表面吸住周围介质（液体或气体）中的分子或离子现象，分为物理吸附和化学吸附 2 种方式。管理及土地利用是指国家通过一系列法律的、经济的、技术的以及必要的行政手段，确定并调整土地利用的结构、布局和方式，以保证土地资源合理利用与保护的一种管理。目前，世界上很多国家都制定了严格的动物粪便管理法律，以促进畜禽粪便等粪便有机物的无害化处理和资源化利用。例如，法国规定必须对污水和粪便进行处理后播撒到农田中；日本制定了《肥力促进法》，提出日本农业必须“依靠施用有机肥培养地力，在培养地力的基础上合理施用化肥”。在土地管理和利用方面，国外经过长期的发展总结出了诸多的经验。例如，通过法律手段增加其权威性；在经济手段方面，通过财政支持、灵活多样的税收、金融手段等落实土地利用规划目标。在行政手段方面，如韩国重视国土规划组织的建设等。

在生猪养殖污染控制的资源化利用技术方向中，“十五”期间主要的技术方向是厌氧消化、除臭、脱氮和堆肥；“十一五”期间新增了生物炭等技术方向；“十二五”期间厌氧消化超越堆肥成为主要的研究关注方向。

（二）家禽污染控制技术发展趋势分析

1. 国内技术发展趋势分析 在家禽养殖污染控制的源头控制技术方向中，“十五”期间主要的技术方向是堆肥、生态农业等；“十一五”期间增加了酸化剂、强制通风技术措施以及垫料翻堆技术研究；“十二五”期间消毒、吸附剂、生物沼气等技术方向逐渐得到更多关注；“十三五”期间蚯蚓治理家禽污染成为新的技术热点。利用蚯蚓治理家禽污染的生物处理技术，以蚯蚓的生活学功能与环境中微生物协同作用，加速粪污有机物的分解，产生富含有益微生物和酶类的有机生物肥，还可得到兼有饲用、药用价值的蚯蚓，实现了治理综合利用的物质再循环过程。我国目前已经成功研制了各种型号的处理不同废弃物的蚯蚓生物反应器。但是，在蚯蚓生物反应器普及程度、蚯蚓产业化、蚯蚓产物标准化方面还有待改善。

在家禽养殖污染控制的污染减排技术方向中，“十五”期间主要的技术方向是堆肥、水体净化、基质、人工湿地等相关内容；“十一五”期间新增了污染物的降解技术、微生物、除臭技术等；“十二五”期间有关微生物菌剂、生物有机肥以及操作中的碳氮比等工艺参数研究得到了较高的关注；“十三五”期间技术研究方向新增了生物炭、重金属钝化等。重金属钝化是指金属经强氧化剂或电化学方法氧化处理，使表面变为不活泼态即钝化的过程，是使金属表面转化为不易被氧化的状态而延缓金属腐蚀速度的方法。在国内，金属钝化剂的研究领域一直比较活跃，近年来出现较多金属钝化剂的专利。

在家禽养殖污染控制的资源化利用技术方向中，“十五”期间主要的技术方向是腐熟、消毒和堆肥；“十一五”期间新增了吸附、除臭和污染物质的降解技术方向；“十二五”期间温度控制、酶活性演变及厌氧消化技术逐渐成为研究热点，并一直在“十三五”期间是重点关注的对象。温度控制技术、酶活性演变技术、厌氧消化技术在前边均已作出了详细的介绍，这里就不再赘述。目前在我国家禽养殖中，对鸡棚的温度控制已达到了比较成熟的阶段，家禽产生的粪便可通过发酵、堆肥等技术进行处理，酶活性演变、厌氧消化技术的研究促进发酵、堆肥的进行，降低了污染气体的排放。

2. 国外技术发展趋势分析 在家禽养殖污染控制的源头控制技术方向中，“十五”期间主要的技术方向是厌氧消化、堆肥、吸附等；“十一五”期间增加了固液分离、人工湿地等相关技术研究；“十二五”开始，脱氮除磷成为新的技术热点。脱氮除磷技术指利用一些相关的科学技术手段以达到降低水体中氮、磷的含量或氮、磷的排放量，目前常用的脱氮除磷技术为生物脱氮除磷技术，该技术包括脱氮和除磷2个部分。其中，生物脱氮通过氨化、硝化、反硝化3个步骤完成，除磷是利用聚磷菌一类的微生物，通过从外部摄取磷，并将磷储存在菌体内，形成富磷污泥，排出系统外，达到除磷的效果。目前，国外对畜禽养殖污染物的处理通常采用厌氧-好氧工艺，再配合适当的土地系统处理，处理效果可以达到标准。对氮、磷的处理效果仍需要进一步的进行研究。

在家禽养殖污染控制的污染减排技术方向中，“十五”期间主要的技术方向是生物沼气、堆肥、厌氧消化及粪便管理等相关内容；“十一五”期间新增了SBR、脱氮、吸附、群落研究等；“十二五”期间有关有机肥、生物滤器等的研究得到了较高的关注；“十三五”期间技术研究方向新增了有机肥、吸附、管理及土地利用等。对有机肥、吸附、管理及土地利用研究的相关机理在上述内容中已作了简要介绍，这里就不再赘述。在家禽养殖污染的控制中，利用家禽养殖产生粪污经过发酵等工序生产有机肥，目前可以通过成套化处理设备处理粪污，使得其工艺更加快捷和节能。在家禽养殖中如何提高资源化利用率，实现清洁生产，是养殖生产的总方向。

在家禽养殖污染控制的资源化利用技术方向中，“十五”期间主要的技术方向是厌氧消化、除臭、脱氮和堆肥；“十一五”期间新增了生物炭等技术方向；“十二五”期间厌氧消化超越堆肥成为主要的研究关注方向。厌氧消化技术其优点在于可以回收沼气，产生清洁能源，但设备较复杂，投资高。而堆肥不能回收沼气，但设备简单，投资少。相对于厌氧来说，好氧更快，占地小；对大量的垃圾来说，厌氧处理能力太低。好氧的参数控制比较简单，设备要求也低一些。但是，不一样的堆肥预处理和不同的堆肥目标，工艺参数差别很大。也就是说，好氧堆肥也有很多种情况，但总体上感觉比厌氧好一些。目前，国外对厌氧消化技术作了许多工艺上的改进。例如，将产酸菌和产甲烷菌放在各自消化器中的两相法消化、将中温消化改为高温消化的两极消化改良技术等。

（三）肉（奶）牛污染控制技术发展趋势分析

1. 国内技术发展趋势分析　在肉（奶）牛养殖污染控制的源头控制技术方向中，“十五”期间相关的技术研究较少；“十一五”期间对于脱氮以及分子生物学机制的研究较为热门；“十二五”期间光解、细菌活性等技术方向逐渐得到更多关注；“十三五”期间厌氧消化、蚯蚓治理养殖污染成为新的技术热点。厌氧消化、蚯蚓治理养殖污染技术在家禽养殖中均有涉及，目前在奶牛养殖污染控制领域当中该技术同样适用。我国在利用奶牛粪便及农业固体废弃物制沼气的家庭小型化应用方面取得了很大成功，该技术处于世界领先水平，但是在实际工程化应用还处于起步阶段。

在肉（奶）牛养殖污染控制的污染减排技术方向中，“十五”期间主要的技术方向是堆肥、蚯蚓处理、序批式反应器等相关内容；“十一五”开始，新增了针对秸秆中纤维素的降解菌株、酶活性、微生物絮凝剂、生物氢能源等；“十三五”期间针对生物炭以及特异性菌剂的研究得到更多关注。应用特异性菌剂技术处理污染物时，最终产物大都是无毒无害的、稳定的物质，如二氧化碳、水和氮气等。并且，利用微生物菌剂方法处理污染物通常能够一步到位，避免了污染物的多次转移。因此，它是一种安全而彻底地消除污染的方法。菌剂在牛粪堆肥发酵过程中会对其温度、pH、总氮、碳氮比等造成一定的影响。因此，寻找优质、适宜的特异性菌剂对提高堆肥发酵等方面有着重要的意义。目前，我国特异性菌剂在堆肥中已经取得了广泛的应用，其通过不同菌种之间的协同作用，不仅对厨余垃圾降解效果显著，而且极大地缩短了堆肥的时间。

在肉（奶）牛养殖污染控制的资源化利用技术方向中，“十五”期间主要的技术方向是固液分离、生物沼气等；“十一五”“十二五”期间新增了微生物、生物炭、菌剂、有机肥、腐熟度、纤维素等技术方向；“十三五”期间新增了粪便管理等内容。目前，我国奶牛养殖场常见的粪便管理方法有：①将粪便运往堆肥场进行堆肥处理或综合利用；②把奶牛养殖场的粪便进行加工再利用，在加工过程中使粪便达到无害化处理，如牛粪养鱼、牛粪养猪、牛粪种蘑菇、牛粪作燃料等。

2. 国外技术发展趋势分析 在奶牛养殖污染控制的源头控制技术方向中，“十五”期间主要的技术方向是厌氧消化、堆肥、吸附等；“十一五”期间增加了固液分离、人工湿地等相关技术研究；“十二五”开始，脱氮除磷成为新的技术热点。该部分与家禽养殖污染控制关注的热点保持一致，这里不再赘述，其原理及方法基本保持一致。

在奶牛养殖污染控制的污染减排技术方向中，“十五”期间主要的技术方向是生物沼气、堆肥、厌氧消化及粪便管理等相关内容；“十一五”期间新增了SBR、脱氮、吸附、群落研究等；“十二五”期间有关有机肥、生物滤器等研究得到了较高的关注；“十三五”期间技术研究方向新增了有机肥、吸附、管理及土地利用等。该部分与家禽养殖污染控制关注的热点方向一致。

在奶牛养殖污染控制的资源化利用技术方向中，“十五”期间主要的技术方向是厌氧消化、除臭、脱氮和堆肥；“十一五”期间新增了生物炭等技术方向；“十二五”期间厌氧消化超越堆肥成为主要的研究关注方向。该部分与家禽养殖污染控制关注的热点方向一致，可参考家禽养殖污染控制技术。

（四）水产养殖污染控制技术发展趋势分析

1. 国内技术发展趋势分析 在水产养殖污染控制的源头减量技术方向中，“十五”期间主要关注的是养殖模式技术和微生态制剂水质调控技术；“十一五”期间增加了循环水养殖技术；“十二五”和“十三五”期间，除更加关注循环水养殖技术外，又增加了生物絮团技术。

在水产养殖污染控制的达标排放/回用技术方向中，“十五”期间相关技术较少；从“十一五”开始，主要关注人工湿地技术、水生植物净化技术。

2. 国外技术发展趋势分析 在水产养殖污染控制的源头减量技术方向中，“十五”期间相关技术较少；“十一五”期间主要关注的是生物强化处理技术、生物降解技术；从“十二五”开始，人工湿地、活性污泥成为主要的技术方向。

三、农村生活污水治理方面

农村生活污水污染控制与治理技术的相关研究最早始于国外的一些发达国家。但随着近年来我国经济的发展，人们对环境要求的提高，也促进了国内对农村污水处理技术的研究，并逐步形成了一些适合我国农村环境的新技术。目前，农村生活污水治理技术较多，各有优缺点。针对国内农村环境复杂、各地区情况不同、经济发展不同，发展投资低、维护成本低、运行稳定、维护管理方便的实用技术是解决当前我国农村环境污染的有效途径。

从发展水平角度分析，在1999—2003年、2004—2008年、2009—2013年、2014年至今4个年度发展阶段中，国内学界对处理技术的研究关注度最高，各年段占比均在74%以上，对资源化利用技术和收集技术的研究关注度相对较低。其中，资源化利用技术各年段占比均小于26%，收集技术各年段占比均小于8%。反观国外学界，处理技术得到的研究关注度最高，各年段占比均在53%以上；其次为资源化利用技术，各年段占比均在26%～40%；收集技术得到的研究关注度则较低，各年段占比均小于13%。而且，在最近的年度发展阶段中，国外学界对处理技术和资源化利用技术的研究热度几乎持平，且资源化利用技术的关注度逐年上升；但国内学界对处理技术的研究关注度已经高于90%，资源化利用技术的关注度逐年下降。理念决定思路，思路决定出路。农村生活污水是具有利用价值的水资源，在很多情况下，污水经处理后可能仍旧无法达到地方排放标准，但能够满足其他用水需求的标准。而资源化利用技术不仅能减低处理成本和治污压力，还能带来一定的经济效益。因此，进一步加大资源化利用技术的开发和研究是今后技术发展的必然要求。

从发展需求角度分析，在收集技术方面，技术稳定性、经济性和适用性是各个技术单元的研发重点，当前技术整体的收集效率仍然有待提高；在处理技术方面，生态工程技术缺点明显，占地面积大、处理效果不稳定，城市污水处理厂的经验和单一的生态工程技术都无法解决农村小型污水处理的难题；在资源化利用技术方面，如何提高污水及其处理中间产物的资源化利用率，进一步提升资源化利用的经济效益和环境效益是需要解决的问题。只有精确瞄准目标需求，以问题为导向，不断完善和优化现有技术，才能保障农村生活污水得到科学有效的治理。

四、农业农村管理方面

目前，在农业面源污染控制管理方面，国外应用较多的是最佳管理措施（BMPs）。从管理方式来看，BMPs 包括工程措施、耕种措施、管理措施等类型，BMPs 通过有机结合这 3 种措施作用于农业非点源污染的控制；从管理对象来看，BMPs 包括耕作管理、养分管理、农药管理、灌溉水管理、畜禽养殖管理等。我国关于农业农村管理技术的研究和应用还停留在单一管理措施的研究和试点应用的层面，在进一步推进现有管理支撑技术的研发和应用的基础上，应借鉴美国农业面源污染治理的 BMPs，按照我国的实际情况加以改造，加强措施优化集成，兼顾不同的空间尺度，并基于经济效益分析和环境影响评价寻求最优 BMPs 组合，为我国农业面源污染治理和水环境改善提供科学依据和对策。

农业面源污染的监控与管理是关系到乡村振兴和绿色发展的重要问题。在完善农业面源监测网络的基础上，将全球定位系统（GPS）、地理信息系统（GIS）、遥感技术（RS）和“互联网＋”技术引入农业面源污染研究与控制领域，通过建立完善的农业农村面源污染监控系统，可以有效地实施对面源污染的动态监测，科学管理具有空间属性的各种农业面源污染信息。以空间信息技术和“互联网＋”技术为基础的监测信息系统能够为农业面源污染及农村环境治理提供可靠有效的监管与辅助决策信息，并为政府及有关部门正确决策提供科学依据。“互联网＋”监控与管理平台技术目前已经探索应用于流域农业面源、流域农村生活污水、流域生态环境综合管理等方向，但仍然落后于农业面源精细化管理的实际需求，基于空间信息技术和“互联网+”技术的监控与管理平台技术在农业面源污染控制领域具有广泛的研发和应用空间。

第三节 技术发展展望

在农业面源污染控制技术方面，我国未来的技术发展方向应以流域目标污染负荷为基础、环境友好型农业发展模式为核心，建立因地制宜的种植业氮、磷全过程控制技术，养殖业污染控制技术，农村生活污水治理技术，农业农村管理技术以及区域流域统筹的系统方案。具体来说，在种植业氮、磷全过程控制方面，应以提高肥料（氮、磷养分）利用率为主线，进一步研发能够提高氮、磷利用率的新型肥料和污染修复环境材料等；在养殖业污染控制方面，进一步开展饲养、治污、统一管理的标准化、生态化养殖方式，建立针对分散养殖的收转运、就地就近资源化利用等因地制宜的粪污处理模式，提高农业废弃物统筹处理的水平和资源化利用的水平；在农村生活污水治理方面，生物生态组合处理技术的深度研发、灌溉农用和污水杂用中重金属等污染物的深度去除以及高效低耗的治理技术的研发仍是需要进一步深入的方向；最后，要深入探索面源污染防控的责任框架体系，以及有利于面源污染防控的政策保障机制，使农业面源污染的防控进入新的阶段，全面打赢农业面源污染治理的攻坚战。

一、种植业方面

中国未来种植业面源污染控制的发展趋势仍然以提高肥料（氮、磷养分）利用率为主线，通过提高养分的利用率，达到肥料投入减量与作物高产的目的，实现面源污染的减排减负。基于当前种植业面源污染防控技术系统，进一步提升技术体系的完整性，完善不同作物污染物源头削减技术的实施办法，细化平地和坡耕地条件下过程拦截工程的设计要求和工艺参数。在污染物源头削减领域，进一步研发能够提高氮、磷利用效率的新型肥料；在污染物过程拦截领域，探索新型高效拦截手段，制备专性高效吸附环境材料；在养分回用领域，突破行业壁垒，构建“种-养”“种-生”氮、磷物质大循环，多途径进一步提升面源污染治理技术水平，提高污染治理的效率。

此外，要深入探索面源污染防控的责任框架（包括治理的主体责任、污染的追责机制、奖惩机制等），以及有利于面源污染防控的政策保障机制（包括土地的经营政策、大型农机购置的补贴政策、使用环境友好肥料的奖励政策等），使农业面源污染的防控进入新的阶段，全面打赢农业面源污染治理的攻坚战。

二、养殖业方面

在经济发展的推动下，畜禽养殖废弃物处理要以先进技术为依托，实现技术创新。同时，要将工作重点放在丰富和完善处理技术上，加大治理力度，建立科学完善的标准体系，从源头优化养殖结构，完善养殖布局，使畜禽养殖朝着自动化、标准化与生态化方向不断发展。根据技术链条的整体思路以及现阶段我国现有的先进性技术，本部分提出以下几点对未来技术需要突破及迫切解决的发展需求。

1. 基于流域水质目标和环境承载力，利用信息技术高效地进行养殖布局和污染防控治理 依据我国流域水质目标、土壤与水体的环境容量和人口食物需求等限制因素，进一步完善区域内养殖业布局，优化区域种养结构与配置，建立畜禽粪污养分农田消纳生态补偿机制，充分发挥农牧循环、种养结合在畜禽养殖业污染防治中的基础性作用。加强对养殖业布局的科学指导和规划实施，以环境负荷来设定养殖容量，不擅自提高禁养标准；不盲目扩大养殖规模，谨慎超大规模养殖场审批。

基于地理信息系统和物联网技术，精准、高效地进行养殖布局和污染防控治理。加大“区域（流域）畜禽养殖管理信息系统”的研究投入，利用大数据技术对区域养殖进行评估、规划、设计和管理，及时监测现有养殖分布及污染物排放情况、评估区域内环境污染承载力、评价区域内养殖扩容的适宜性，规划合理的养殖区域；对区域内养殖场、支流和河道进行污染监控，监测水体污染物迁移路径，建立畜禽养殖污染预警和溯源机制与方法。

2. 根据不同养殖规模、不同养殖类型、不同区域，实行精准施策 建议鼓励各地政府根据养殖规模采取分类防治，并逐步建立科学的监测、普查和评估技术标准体系。对于分散的小型畜禽养殖场，提倡以种养结合为主的就地利用方式处理粪污；对于规模化畜禽养殖场，应纳入点源污染日常环境监管。

根据不同区域的环境承载力和资源化利用方式，因地制宜选择合理的技术及工艺组合。如对于农田配套少的地区，养殖污水经固液分离、多级沉淀和沼气工程进行无害化处理，大幅度削减养分后还田；对于水系较为发达的地区，在污水厌氧生成沼液后，可以通过生态或工业化方案进一步深度净化，以满足水产、水禽和农田灌溉；对于山地果林区域，可以采用立体养殖方式，粪污简单处理后直接利用，也可以设计山地沟渠塘或灌溉管网系统，消纳沼液。

根据不同养殖类型，基于不同畜禽粪便的理化特性，制定更为有效的粪污处理工艺组合。生猪污水量大、粪便养分高，可采用粪污分别处理组合工艺，采用干清粪或尿泡粪+固液分离方式，粪便堆肥、污水厌氧成沼液农用或深度净化；奶牛粪便纤维含量高，研发无害高效发酵菌剂，固体粪便经过高温快速发酵和杀菌处理后作为牛床垫料；禽类粪便含水量少，优化清洁容器式堆肥技术，直接生成肥料。同时，要加强对抗生素、耐药菌等新型污染物的研究，开展有机无机复合污染协同的环境归趋及修复机制的研究探索，完善对应的治理技术和工艺模式，支撑养殖污染控制一体化防治。

3. 对现行的畜禽养殖粪污防治技术相关标准进行评估、修订或提标，强化监测监管，以满足现代化养殖需要 现行的《畜禽养殖业污染物排放标准》《畜禽养殖业污染防治技术规范》《规模化畜禽养殖场沼气工程设计规范》等标准（规范）由于排放标准低、技术陈旧、参数简单已经不能完全满足现代化养殖需要。建议生态环境部、农业农村部等相关部门重新定义畜禽养殖规模化标准，区分小型、中型、大型、超大型、特大型等不同规模的等级，并分类制定标准；同时，在国家层面适时修订养殖污染物排放标准，鼓励地方政府根据不同区域（流域）现状，制定与养殖规模、养殖技术、土地承载力、水资源保护要求相匹配的区域性标准；并针对重大疫情防控常态化，重新评价现有标准的适用性，补充重大疫情常态管理下的技术方案。建立完善畜禽养殖粪污治理的日常监督机制、常规监测机制，群众评价机制等，强化监管制度在管理中的保障作用。

4. 水产养殖技术 在水产养殖污染源头控制方面，要加强环保型饲料及精准投喂、多营养层级养殖、微生物水质净化等技术的理论研究。要研究不同养殖种类、不同生长阶段的营养需求，优化饲料配方组成，降低日粮中蛋白质和磷的用量，并添加商品氨基酸、酶制剂和微生态制剂等，提高饲料消化利用率；研究和推广应用先进的饲料投喂技术，建立主要养殖品种的智能投喂系统和投饲策略。建立物质和能量流动模型，深入研究不同营养级生物（如鱼类、虾蟹类、滤食性贝类、大型藻类等）在多营养层级养殖模式中的比例，实现养殖系统内物质循环利用、水质调控、生态防病等目的，使系统具有较高的养殖容纳量和经济产出。微生物水质调节剂具有无毒、无害、无残留、不产生抗药性等优点，全面合理使用微生物水质调节剂已是水产养殖业健康、可持续发展的必然趋势，要研究新的加工工艺来保障微生物水质调节剂的质量和大规模的生产，要研究科学的使用方法和添加剂量，针对不同水产动物、不同养殖阶段，研发专用微生物水质调节剂。在水产养殖尾水治理方面，要加强生态沟、生物滤池、氧化塘、人工湿地等处理工艺研究，针对养殖种类，确定合理的处理工艺占地面积；针对水产养殖尾水排放不定时、冬天处理效果差等问题，进一步优化和完善处理工艺。加强养殖尾水排放监管，健全污染治理长效机制。

三、农村生活污水治理方面

在收集技术方面，技术稳定性和经济性是今后各个技术单元的研发重点。收集处理一体化技术除上述两个方向外，提高技术的高效集约与资源化利用是其研发的热点方向。另外，如何提升负压分散收集技术的自动化也值得关注。

在处理技术方面，从国内外研究对比来看，国外主要集中在“根据处理目的的不同采用组合式结构、任意拼装”“湿地配水系统创新”“曝气系统、气提装置优化、降低臭气”等方向，且近 20 年来持续有相关研究，另外，“优化消毒方法（利用藻类）”是近 5 年出现的研究方向；国内关于该领域最早的研究方向是“生物法（接触氧化法、活性污泥、生物转盘）”，但该方向在 2008 年以后就少有研究了，随后出现的是“生态技术（湿地、氧化塘）”“组合技术（生物＋生态）”“A/O 接触氧化”等，“生态技术（人工快渗）”和“组合技术（生物＋生化）”是近 5 年才出现的研究方向。农村生活污水的治理随着研究的深入已取得很大的成效，未来在选择处理方式时，生化＋生态处理以及在此基础上的改良和高效的方法组合将成为农村生活污水处理的主要发展趋势。

在资源化利用技术方面，未来农村生活污水资源化利用技术的布局重点是如何提高灌溉农用和污水杂用技术除去重金属、低成本的效果。此外，沼气技术也是研究的重要方向。其中，如何提高沼气技术除去重金属的效果是其重点研发方向之一。

四、农业农村管理方面

根据文献调研结果，在农业农村面源污染控制管理技术领域，尚未发现广泛应用的支撑技术。最佳管理措施（BMPs）作为制度政策研究热点，得到了国内外学者的普遍关注。在实践应用中，最佳管理措施实际上起到支撑技术的作用，辅助制度政策得到更好的应用效果。

最佳管理措施是将点源和面源污染物控制在与区域环境质量目标一致的水

平上最有效、最切实可行的一系列方法和手段，考虑了技术、经济和制度方面的因素。能够从流域整体对农村面源污染实行系统控制，并建立包含“源区识别（recongnition）-源头削减（reduce）-末端滞留（retain）-循环利用（reuse）-生态修复（restore）”的“5R”控制措施体系。有效控制面源污染的BMPs是一系列独立的BMP的综合，其核心是防止和削减面源污染负荷，维持并促进养分的最大利用和最少损失，保护土壤资源和改善水质。未来应基于BMPs的建设与实施，加强我国农业面源污染防控的相关体系和制度研究。同时，对BMPs在控制农业面源污染中的应用成效进行评估，整体提升农业农村面源管理水平，也将是未来BMPs研究的一个重要方向。

随着我国环境治理体系逐步走向现代化，基于空间信息技术和“互联网＋”技术的监控与管理平台技术将进一步服务于流域面源污染的监测、管理、评估与辅助决策等方面，辅助实现农业面源的标准化、精细化管理。

五、流域区域统筹方面

生态农业产业链技术以减量化、再利用、资源化的循环经济理念指导农业生产，使农业生产方式由“资源-产品-废弃物”的传统模式向“资源-产品-再生资源-产品”的循环模式转变，实现物质能量的相互转换和多层次利用。农业产业链适合建设在集种植、养殖、农副产品于一体的农业流域区域，通过产业链的延伸将各相关农业产业串联起来，在有效降低生产成本、增加利润的同时，还可以达到控制农业面源污染、保护水质的目的。国内外的案例都已充分证明了产业链整合对农业生产和水环境质量改善的重要作用，如已有研究提出了适宜于不同区域的生态农业产业化模式实施途径，在结合典型案例的基础上，重点探讨了各自的适宜范围和实施方案；提出了基于种植业之间、养殖业与种植业之间以及种植养殖与观光业之间的能量循环的农业生态园模式。

从流域区域统筹方面，构建“种-养-加-生”循环一体化的生态农业园，通过集合种植、养殖、农产品加工、农村生活等各独立链条而构建的循环产业链，以实现物质能量的逐层利用和循环再生。首次提出利用“种-养-加-生”循环一体化利用的产业链技术体系来控制农业面源污染、保护水环境的思路。该技术体系以源头无害化、过程资源化、末端生态化和控制规模化为原则，通过各项技术的联控应用，实现养分、食物链的循环延伸与农业面源污染物的零排放控制，有效改善当前的水质状况。在产业链上游，大力发展微生态产业，研制无公害生态环保饲料，提高饲料的利用率，减少有机质和重金属的危害；

同时，利用多种来源的废弃物，如秸秆、锯末、稻草等，生产加工发酵床垫料，开展垫料替代化研究，采取优化配置方案，以解决有机废弃物难处置的问题。在养殖过程中，为生猪添加口服益生菌剂，改善猪肠道的微生态环境，营造无臭、无味的养殖空间。在产业链下游，构建肉联厂、毛皮加工厂等生猪屠宰及深加工产业，建立市场销售网络，提高产品附加值；同时，将养殖产生的废弃垫料资源化利用，生产高品质生物有机肥，变废为宝，并利用产业园体系内的种植基地来生产无公害绿色食品，包括果蔬、茶叶、大田作物和食用菌等。此外，随着循环产业链体系的完善，可以将其作为对外示范样板，带动农业观光旅游业的发展。

结　　语

种植业污染防控的难点是既要保证作物高产，又要实现氮、磷减排和水质改善，须突破粮食安全生产和污染治理相耦合的技术瓶颈，为农业的可持续发展和美丽乡村建设提供技术支撑。专项开始前，种植业污染防控技术零散、体系性差、实施效果不佳、对作物产量兼顾不足等问题，随着水专项3个五年计划的推进，形成了污染防控的技术体系。研发了以肥料调控、栽培优化、灌溉管理等技术为核心的源头防控技术体系，以拦截农田径流排放为抓手的沟-渠-塘-湿地净化系统，以种-养区物质循环为核心的养分回用技术体系，实现了种植业面源污染的全时空、全过程的覆盖。现阶段由于经营方式的多元化，适合不同种植生境条件的源头防控技术、过程拦截类技术的需求凸显，现有技术对不同作物系统和常见地形的覆盖有待提高。在种植业污染防控策略上，越发看重长期实施对作物生产和环境安全的影响。在技术体系上，呈现出从单项要素减量转向系统化削减与水质改善的趋势。在技术抓手上，通过对农业资源的循环利用，逐步实现面源污染物（氮、磷）由“源”到“汇”的角色转化。随着面源污染防控责任框架和政策保障机制的逐步完善，种植业污染防控工作呈现出新的局面，助力全国农业面源污染防治攻坚战的实施。

畜禽养殖污染的控制技术根据不同的污染控制方向可以分为污染源头控制技术，氮、磷有机污染减排技术和废弃物资源化利用技术。针对目前畜禽养殖污染防治中存在的养殖场布局不合理、污染物防治积极性差、污染监管困难和污染防治技术有待提高等问题，应从养殖场选址与雨污分离、环保性饲料研发、清粪工艺改进等方面加强污染源头控制，从自然处理、生态湿地废水处理、生态厌氧处理和MBR处理等技术实现氮、磷有机减排，废弃物资源化利用技术包括肥料化利用、饲料化利用和能源化利用3个方面。在源头控制技术方向中，国外对畜禽养殖过程中臭气、温室气体等污染问题更加关注，而国内在早期更关注饲料中的营养含量等，现阶段，硝酸盐的污染成为共同的关注点。在污染减排技术方向中，国内外对畜禽养殖过程中的抗生素、氮、磷污染等的关注都非常高，国外对于温室气体的关注早于国内5～10年。在资源化利用技术方向中，重金属含量、肥料的品质、作物的产量等是国内关注的方向，而国外对臭味问题、温室气体的研究更多。

水产养殖污染的控制技术通常分为源头减排技术和尾水净化技术。目前水产养殖采用高投入高产出的模式，大量的残剩饵料、肥料和生物代谢产物累积，造成含氮、磷、渔药等污染物的废水污染环境。在污染源头控制方面，要加强环保型饲料及精准投喂、多营养层级养殖、微生物水质净化等技术的理论研究；在养殖尾水治理方面，要优化和完善生态沟、生物滤池、氧化塘、人工湿地等处理工艺研究，确定合理的处理工艺占地面积，提高处理效果。在水产养殖污染控制的源头减量技术方向中，国外对水培技术和循环水养殖比较关注，早于国内5～10年，而国内更加关注多营养级综合养殖、微生态制剂、循环水养殖、稻田综合种养。在尾水治理或回用方面，国外对生物降解和人工湿地较为关注，而国内对人工湿地、生态塘、生态沟、生物浮床等技术。

2006年10月，《国家农村小康环保行动计划》发布后，改善农村地区环境首次被正式提上日程。在此之前，农村生活污水并未纳入管理范围，仅有极少地区开始进行农村生活污水治理的尝试，相关技术仅有零散的研究，缺乏系统性。“十一五”期间，我国农村生活污水治理主要以有机物处理为目标，生物技术多为城市污水处理技术的小型化及国外技术的引进吸收，主要包括接触氧化、生物转盘技术等。生态处理技术以人工湿地、氧化塘为主，农村生活污水未得到足够重视，相关技术仅有零散的研究，缺乏系统性。“十二五”期间，为破解农村污水处理技术运行成本高、脱氮除磷效果差、资源化利用水平低等技术瓶颈，积极借鉴国外成熟技术进行本土化探索，并将氮、磷的去除作为主要目的，“生物+生态”处理模式首次提出，为农村生活污水处理及氮、磷资源化利用提供了新思路。进入“十三五”，农村生活污水治理研究进入了技术优化和工程化应用阶段。适宜技术在实践、进一步优化的基础上，实现了标准化、成套化、设备化，同时完善了农村生活污水治理设施的管理、维护的相关成果，基本形成了农村生活污水治理的管理体系。经过多年的努力，我国农村生活污水污染控制与治理技术实现了“从零星到系统，再到中国特色”的探索，取得了长足的发展。

农业农村管理主要面临治理主体责任不明确、不同管理部门之间政策设计协调性不足、法规标准体系不系统不完善、缺乏有效监控评估技术支持、缺乏长效运行维护管理机制、市场机制不完善等问题。农业农村管理制度政策与支撑技术的发展是随着种植业、养殖业、农村生活污水等技术系列的发展而同时发展起来的，与治理技术的迅速发展相比，管理方面的支撑技术数量较少，且应用方向各不相同。尽管通过水专项的技术研究，管理技术在就绪度提升方面已经取得了较大进展，但仍处于单一管理措施的研究和试点应用的层面，尚未形成系统的农业面源综合管理措施体系和标准化的信息动态监测与管理平台，难以满足我国流域面源污染综合管理及农业清洁小流域构建的管理需求，也落后于国际上应用较多的通过最佳管理措施实现流域综合管理的技术支撑体系。需要在各级政府的支持下，发挥以空间信息技术和“互联网＋”技术为基础的监控与管理平台的作用，为农业面源污染及农村环境治理提供可靠有效的监管与辅助决策信息。同时，借鉴美国农业面源污染治理的 BMPs，按照我国的实际情况加以改造，加强措施优化集成，兼顾不同的空间尺度，并基于经济效益分析和环境影响评价寻求最优 BMPs 组合，为中国农业面源污染治理和水环境改善提供科学依据和对策。

水专项等项目的实施提高了我国农业面源污染控制的整体技术水平，在模式创新、工艺优化、关键设备、高效材料研发方面取得了一系列创新成果，但仍存污染治理效率低、稳定运行效果差、资源回收率不足等问题。目前，我国农业面源污染控制治理技术常用工艺多于国外工艺类型，但与巨大的市场需求相比，仍有一定差距。关键设备的精细化控制、运行维护管理水平、出水稳定性等方面还有进一步提升的空间，缺乏对整个工艺系统性、综合性的比较研究；污水资源化利用技术起步较晚，发展也较为缓慢，社会关注度和技术发展水平仍有待提升。今后，农业面源污染治理的技术发展将呈现多元化、精细化趋势，同时技术需向工程化、标准化、规范化方向发展。另外，应继续探索不同农业农村条件下可持续管理的组织框架与保障机制，切实保障管理的效率和可持续性。

在农业面源污染控制技术方面，我国未来的技术发展方向应以流域目标污染负荷为基础、环境友好型农业发展模式为核心，建立因地制宜的种植业氮、磷全过程控制技术，养殖业污染控制技术，农村生活污水治理技术，农业农村管理技术以及与区域流域统筹的系统方案。具体来说，在种植业氮、磷全过程控制方面，应以提高肥料（氮、磷养分）利用率为主线，进一步研发能够提高氮、磷利用率的新型肥料、污染修复环境材料等；在养殖业污染控制方面，进一步开展饲养、治污、统一管理的标准化、生态化养殖方式，建立针对分散养殖的收转运、就地就近资源化利用等因地制宜的粪污处理模式，提高农业废弃物统筹处理的水平和资源化利用的水平；在农村生活污水治理方面，生物生态组合处理技术的深度研发、灌溉农用和污水杂用中重金属等污染物的深度去除以及高效低耗治理技术的研发仍是需要进一步深入的技术方向；要深入探索面源污染防控的责任框架体系，以及有利于面源污染防控的政策保障机制，使农业面源污染的防控进入新的阶段，全面打赢农业面源污染治理的攻坚战。

未来，针对流域农业农村种养生脱节，氮、磷排放分散无序，污染治理难等问题，从整体上提出了流域面源污染源头控制收集、过程生物转化、末端多级利用和区域结构调整的联控策略，集成养殖“收转用”、种植“节减用”、生活“收处用”的技术体系。在流域内建立农业农村废弃物资源化利用中心，通过废弃物的收集加工和资源化利用产品的应用，实现流域内种养生氮、磷污染控制的一体化、资源化利用产品的效益化和农业农村环境治理的长效化。种养生污染一体化防控成套技术应以清洁小流域建设为核心，构建以农业合作社为管理运行主体的小流域农业面源污染防控实施体系，进一步明确清洁小流域构建的责任主体，有效衔接各类污染源治理环节，实现小流域内不同污染源的协同治理和废弃物资源的生态循环利用。